KB060553

인간은 왜 인간이고 초파리는 왜 초파리인가

인간은 왜 인간이고 초파리는 왜 초파리인가

운명을 가르는 생명의 레시피

이대한 지음

바다출판사

나를 나답게 만든
생명의 레시피를 읽는 경이로운 시간

진화는 모든 생명체와 생명 현상의 생성 원리다. 모든 생물은 진화를 통해 오늘날의 꼴을 갖추었다. 진화생물학은 생명의 역사를 통해 생명의 현재를 이해하는 학문이다. 그뿐만이 아니다. 모든 종은 지금 이 순간에도 끊임없이 진화하고 있다. 그렇기에 진화의 원리와 기작을 이해하는 것은 생명의 미래를 예측하며 인간이 정확한 판단과 결정을 내리도록 기여하는 일이기도 하다.

'작용-반작용의 법칙'은 비단 물리학에만 적용되는 원리가 아니다. 생명체는 주변 환경 또는 다른 생명체와 끊임없이 상호작용하며 그 상호작용의 결과, 운명이 달라지고 영속적인 변화가 일어난다. 그것이 바로 진화다. 우리의 정신도, 인류를 위협하는 온갖 질병도, 인류가 의존하는 생명 다양성도 모두 진화의 작품이자 부산물이다.

그런 진화를 이해하기 위해서는 유전학을 배워야만 한다. 유전변이는 진화의 필수불가결한 재료이기 때문이다. 지구를 뒤덮은 생명의 다양성은 변이라는 마르지 않는 원료가 없었다면 출현하지 못했을 것이다. 인간도 마찬가지다. 최초의 원시세포로부터 수십억 년 진화의 역사를 통해 복잡한 신경계를 지닌 호모 사피엔스가 진화한 것은 바로 변이의 생성과 누적을 통해서였다.

유전학은 눈에 보이는 표현형의 눈부신 다양성 이면에 눈에 보이지 않는 유전자형의 변이가 숨어있다는 새로운 시각을 주었다. 유전학자에게 지구는 거대한 도서관이자 현란한 주방이다. 눈에 보이지 않을 만큼 자그마한 박테리아에서부터 빌딩만큼 커다란 흰수염고래까지 모든 생물은 최소한 한 권의 책을 품고 있다. DNA라는 매체에 A, G, C, T라는 네 가지 기호로 작성된 생명의 책에는 어떤 재료를 어떻게 조리하여 복잡한 생물을 만들고 섬세한 행동을 조절할지에 대한 '레시피'가 담겨있다. 우리가 보고 듣고 만지며 살아가는 표현형의 생물 세계가 음식의 세계라면 보이지 않는 유전자형의 세계는 레시피의 세계다. 이 레시피 덕분에 인간은 인간답게, 초파리는 초파리답게 살아갈 수 있다.

유전학은 수십억 년 동안 세포 외엔 누구도 해내지 못한 일을 해낸 우주사적 업적을 세운 학문이다. 불과 한 세기 전까지 오직 세포만이 생명의 레시피를 읽을 수 있었다. 세포는 레시피가 지시하는 대로 재료를 구하고 알맞게 조리하여 각양각색의 몸을 빚어내고, 온갖 기관의 움직임과 그 안에서 일어나는 화학 반응을 조절하며, 레시피가 담긴 DNA를 복제하고 다음 세대로 전달하여 유전을 실현해왔다.

유전자의 세계를 발견한 유전학 덕분에 인간은 우주가 지구에서 지난 40억 년 동안 '진화'라는 오묘한 작법으로 써 내려간 압도적인 생명의 텍스트를 마주하게 되었다. 라면 하나 끓일 줄

모르는 사람이라도 얼마든 미식을 즐길 수 있듯 대부분의 생물이 생명이 무엇인지, 생명체가 어떻게 만들어졌는지 모른 채 살아간다. 불과 얼마 전까지 인간 또한 그들 중 하나였다. 지난 세기 생명의 보편적 언어를 발견한 인간은 생명 진화의 '독자'가 되었고 이제는 직접 생명의 레시피를 편집까지 할 수 있는 작가이자 편집자로 거듭나고 있다.

인간의 지력으로 설명할 수 없는 생명의 경이로운 현상들을 우리는 '생명의 신비'라고 부른다. 유전학자들은 하나의 세포가 발생하여 저절로 날개를 달고 하늘로 날아올라 수천, 수만 킬로미터를 비행하는 철새와, 페로몬으로 소통하며 거대한 사회를 이루는 개미와, 친척 종보다 조금 더 크고 복잡한 뇌를 이용해 지구 바깥을 탐사하는 인간의 신비로운 행동 이면에 놓인 생명의 레시피를 거침없이 해독해가는 중이다.

혹자는 이런 유전학의 열정이 생명의 신비를 다 앗아가지 않을까 걱정할지도 모르겠다. 《인간은 왜 인간이고 초파리는 왜 초파리인가》는 그런 걱정이 기우임을, 이해된 신비는 이해되지 않는 신비보다 더 경이로움을 알리기 위해 쓰여졌다. 40억 년 동안 수많은 멸종 생물을 거치며 전수되어온 생명의 레시피 중 하나가 어떤 세포에게 읽혔고 '나'라는 진화유전학자가 만들어졌다. 그렇게 레시피로 만들어진 인간이 자신의 레시피를 들여다보는 사건이 나에게 일어나고 있다. 이제 그 기이하고도 신비로운 사건의 현장에 여러분을 초대한다.

진화유전학자 이대한

차례

1

이 모든 장엄함과 경이의 재료

변이와 유전의 본성

우주와 생명에 대한 우리의 이해는 망원경과 현미경에 크게 빚지고 있다. 망원경과 현미경이 제공한 새로운 시야 속에서 우리는 맨눈으로는 볼 수 없을 만큼 멀리 떨어진 별들과 자그마한 세포들을 볼 수 있게 되었다. 새로운 기구가 제공한 새로운 데이터 속에서 현대 천문학과 생물학이라는 새로운 학문이 태어났고 우리는 우주와 지구, 그리고 우리 자신에 대한 새로운 인식을 갖게 되었다. 우리가 우주의 주인공이라는 자기중심적 인식에서 벗어나 138억 년 전 빅뱅과 함께 시작된 방대한 우주 속의 작은 행성에서 단세포 원시 생명체가 수십억 년 동안 진화하며 빚어낸 다양한 생명의 한 가지라는 사실을 알게 된 것이다.

현대 유전학의 최전선에서도 비슷한 일이 일어나고 있다. 생명체의 유전정보는 눈에 보이지 않는 DNA 속에 A, G, C, T라는 네 가지 염기서열 형태로 코딩되어 있는데 차세대 염기서열 분석법next-generation sequencing, NGS을 포함한 새로운 기술의 발명과 혁신으로 염기서열을 싸고 빠르게 읽을 수 있는 시대가 열렸기 때문이다. 그 덕분에 마치 수억 광년 떨어진 별처럼 감춰져 있던 DNA 속의 유전정보를 이제 손쉽게 읽을 수 있게 되었다. 오늘날 새로운 기술로 수많은 생명체 속에 흩어져 있던 유전정보가 인간의 데이터베이스로 넘어와 끝없이 축적되면서 유전학은 폭발적인 성장을 거듭하며 놀라운 연구 결과들을 쏟아내고 있다. 보지 못하던 것을 볼 수 있게 된 만큼 생명과 유전 현상에 대한 우리의 이해도 더 깊고 예리해지고 있다.

이 책에서는 지난 세기엔 볼 수 없던 방대한 데이터의 바다를 항해하고 있는 21세기 유전학의 최전선을 살펴보고자 한다. 새로운 배(염기서열 분석법)로 무장하고 대양 곳곳을 누비는 유전학자들의 흥미진진한 항해를 이해하려면 우선 유전학의 성립부터 시작된 근본적이고 본질적인 질문들에 대해 이해해야 한다. 많은 경우 중요한 연구 결과는 오래된 질문과 새로운 기술이 만나 인식의 지평을 정확하게 확장할 때 나오기 때문이다. 책의 첫 장을 유전학의 가장 오래된 질문, '유전이란 무엇인가'에 대한 고찰로 여는 이유가 여기에 있다.

유전이란 무엇인가

모든 생명체는 특정한 기능을 수행하도록 DNA 속에

정교하게 코딩된 다양한 프로그램을 지니고 있다. 박테리아는 박테리아의 방식으로, 나무는 나무의 방식으로, 인간은 인간의 방식으로 자신이 지닌 프로그램들을 가동하여 변화하는 환경 속에 끊임없이 적응하고 자손을 남긴다. 마치 컴퓨터 프로그램이 컴퓨터가 수행할 특정한 작업을 명령하듯이 생명 프로그램은 아주 작은 세포부터 복잡한 신경계에 이르기까지 생명체의 여러 단위가 해야 할 일을 지시한다. 예컨대 비가 오면 비를 맞고 바람이 불면 바람에 깎이는 바위와 달리 생명체는 위험이 찾아오면 이를 회피하는 행동 프로그램을 실행한다. 회피 프로그램이 작동하면 다양한 세포에서 복잡한 화학 반응들이 정확한 순서로 실행되고 그 결과 감각기관, 신경, 근육을 유기적으로 작동시켜 개체가 본능이라고 불리는 선천적인 행동 반응을 보이게 된다.

한편 인간이 만든 프로그램처럼 생명 프로그램도 에러를 일으키며, 프로그램이 오작동하는 상태를 질병이라고 부른다. 전원이 꺼진 컴퓨터처럼 프로그램이 정지하는 죽음과 함께 생물은 바위나 돌멩이처럼 무생물의 영역으로 들어간다. 흙에서 와서 흙으로 돌아가기까지 풍화 작용에 맞서며 온갖 프로그램이 작동하는 상태가 바로 생명이다. 생명이란 무엇인가를 이해하고 질병과 죽음에 맞서기 위해서는 생물과 무생물을 구분하는 생명 프로그램을 이해해야만 한다. 생명체는 어떤 프로그램을 지니고 있는가? 그 프로그램은 어떤 코드로 쓰여있는가? 프로그램은 어떻게 실행되는가? 프로그램은 어떻게 복제되고 전달되는가? 새로운 프로그램은 어떻게 출현하는가? 프로그래머는 누구(무엇)인가?

자기복제 프로그램은 모든 생명체가 지닌 보편적이면서도 가장 경이로운 생명 프로그램이다. 생명체는 수많은 프로그램을 구동해낼 뿐만 아니라 매우 정확하게 그 프로그램들을 다음 세대로 복제하여 전달한다. 아직 어떤 컴퓨터도 스스로 컴퓨터를 만들어내지 못하지만 단세포 박테리아에서 인간에 이르기까지 생명체의 자기복제 프로그램은 복잡계로서의 생명체를 거의 완벽하게 스스로 재생산해낸다. 생명체는 자신이 지니고 있는 프로그램들에 대한 정보를 물리적으로 복제하여 자손에게 전달하고 전달된 프로그램은 적절한 순서로 가동되면서 생명체의 하드웨어와 소프트웨어를 모두 재생산한다. 생물의 탄생과 죽음 사이에 실행되는 자기복제 프로그램 덕분에 삶은 일시적이지만 생명은 연속적이다. 생명의 연속성을 지탱하는 이러한 자기복제 기작이 바로 '유전'이다.

자기복제 프로그램은 그 자체로서 하나의 개별적인 프로그램이라기보다는 한 생명체가 지닌 세부 프로그램들의 '패키지'라고 할 수 있다. 자기복제 프로그램 패키지는 DNA를 복제해 프로그램들을 물리적으로 복제하는 프로그램, 수정란에 전달된 프로그램을 구동해 생명체의 완전한 하드웨어를 만들어내는 발생 프로그램, 생성된 하드웨어를 구동해 적절한 기능을 수행하게끔 하는 생리 프로그램과 행동 프로그램 등으로 구성되어 있다. 이때 전체로서 자기복제 프로그램 패키지와 이를 구성하는 세부 프로그램은 상호의존적이다. 세부 프로그램은 전체 자기복제 프로그램 패키지가 성공해야만 개체의 죽음 이후에도 소멸하지 않고 전달될 수 있고, 자기복제 프로그램 패키지가 성공하려면 세부 프로그램들이 유기적으로 잘 작동해야 한다.

유전 현상의 심오함은 수없이 다양한 생명 프로그램이 복제될 뿐 아니라 이들이 '복제 가능한' 방식으로 코딩되어 자기복제 프로그램 패키지를 이루고 있다는 것이다. 생명체가 수행하는 프로그램의 복잡성을 생각해보면 경이로운 일이다. 동물의 행동 프로그램과 식물의 개화 프로그램은 어떤 형식으로 DNA에 코딩되어 있는 것일까. 생명 프로그램의 실행 결과는 세포의 분열부터 개체의 행동까지 다채롭지만 프로그램 그 자체는 모두 DNA의 염기서열이라는 동일한 암호로 코딩되어 있다는 사실은 유전에 대한 이해가 생명 현상의 기저에 놓인 보편적인 원리에 대한 이해를 가져다줄 것이라는 전망을 제공한다. 유전학이 광범위한 생명 현상을 포괄할 수밖에 없는 이유가 이런 '유전성'이라는 생명 프로그램의 보편적 본성에서 비롯된다고 할 수 있다.

멘델, 표현형과 유전자형을 구별하다

사람들은 프로그래머가 아니더라도 컴퓨터나 스마트폰을 능수능란하게 사용한다. 의사소통을 하고 정보를 검색하고 문화 생활을 하거나 창작 활동을 하는 데 굳이 코딩 능력이 요구되지 않는다. 일반인들은 그저 개발자들이 이미 목적에 맞게 코딩한 결과물인 프로그램이나 애플리케이션을 다룰 수 있으면 된다. 내비게이션 기능을 이용하기 위해 앱을 켜서 검색창에 목적지를 입력하면 화면에는 개발자들이 '표현'되도록 미리 코딩해둔 프로그램의 출력값인 최적 경로 안내만이 나타날 뿐 그 경로를 찾아내는 복잡한 코드는 드러나지 않는다.

우리가 살아가고 감각하는 생물학적 세계는 바로 모니터나 스마트폰 액정에 띄워진 화면처럼 생물들이 지닌 갖가지 프로그램이 실행된 출력값의 세계, 즉 '표현형phenotype'의 세계다. 표현형은 우리가 보고, 듣고, 맡고, 느끼는 생명체의 모든 것이다. 표현형의 세계를 살아가는 생명체는 자신이 구동하는 프로그램의 코드를 이해하지 않고도 프로그램을 작동시킨다. 자신에게 주어진 생물학적 프로그램의 잠재력을 극대화하여 고도의 문명을 성취한 인간조차도 불과 최근까지 그 프로그램의 실체가 무엇인지 파악하지 못했다.

그레고어 멘델Gregor Mendel은 표현형 이면의 보이지 않는 유전자형genotype의 존재를 꿰뚫어본 최초의 유전학자였다. 멘델 이전에도 인간은 유전 현상을 인지하고 있었지만 그 유전은 보이는 것의 대물림, 즉 '표현형'의 유전일 뿐이었다. 뉴턴이 눈에 보이는 물체들의 운동을 보편적으로 설명할 수 있는, 보이지 않는 힘에 대한 법칙을 발견한 것처럼 멘델은 눈에 보이는 생명체의 유전 현상을 가능하게 하는 감춰진 세계의 보편적인 작동 원리를 설명해냈다.

멘델이 유명한 완두콩 실험을 통해 보여준 가장 핵심적이고도 놀라운 통찰은 표현형과 유전자형의 균열을 통해 보이는 것(표현형)과 보이지 않는 것(유전자형)이 맺고 있는 관계를 설명할 수 있는 이론 틀을 제시했다는 데에 있다. 표현형의 세계에서 완두콩이 자라 꽃을 피우고 다시 완두콩을 맺는 동안 완두콩에 내장되어 있던 각종 프로그램은 끊임없이 실행되며 출력값을 산출한다. 가톨릭 수사였던 멘델은 요란스러운 표현형의 세계에 현혹되지 않고 수도원 뒤뜰에서 고요하고 단단한 유전자형의 세계를 포착해냈다.

완두를 포함해 유성생식을 하는 종은 부모 양쪽으로부터 프로그램 패키지를 물려받는다. 만약 부모가 동일한 프로그램 사본을 지니고 있다면 큰 문제 없겠지만 서로 다른 버전의 프로그램을 지니고 있다면 두 사본이 충돌하는 상황이 발생할 수 있다. 이른바 '잡종'의 문제다. 잡종의 문제는 유전의 원리를 이해하기 위해 반드시 풀어야 할 문제였지만 당대 생물학계의 거장이었던 찰스 다윈Charles Darwin도 넘어서지 못한 난제였다. 예를 들어 다윈은 붉은 꽃 금어초와 흰 꽃 금어초를 교배한 잡종 개체에서 두 색깔이 희석된 다양한 색깔의 꽃을 관찰했고 똑같이 하얀 두 품종의 애완 비둘기를 교배하자 갑자기 알록달록한 야생 비둘기와 같은 잡종이 태어나는 걸 관찰하기도 했다.

멘델은 정교한 실험 설계와 변인 통제 아래 노란색 콩만 생산하는 순종 완두와 초록색 콩만 생산하는 순종 완두를 교배한 잡종 실험을 수행했다. 그 결과 노란색과 초록색 콩 프로그램을 모두 물려받은 잡종 완두에서 오직 노란색 완두콩만이 맺힌다는 놀라운 현상과, 이 노란색 완두콩을 심어서 자라난 완두를 자가교배하면 사라졌던 초록색 콩이 다시 맺힌다는 더 놀라운 현상까지 발견한다.

교배 실험 과정에서 드러난 완두콩 색깔의 변덕스러운 유전 패턴은 표현형의 유전으로는 설명할 수 없다. 같은 노란색 완두콩이라 할지라도 어떤 콩에서는 노란색 콩만 나오고 어떤 콩에서는 초록색 콩도 같이 튀어나오기 때문이다. 멘델은 동일한 노란색 표현형의 완두콩이 나타내는 이러한 이질성을 '유전자형'의 이질성으로 설명해냈다. 노란색 콩 프로그램만 부모 양쪽으로부터 물려받은 개체의 유전자형을 순종으로, 노란색 콩과 초록색 콩 프로그램을 하나씩 물려받은 개체의 유전자형을 잡종으로 구분해낸 것이다.

여기에 더해 멘델은 잡종 개체에서 겉으로 드러나는 표현형과 상관없이 유전자형을 결정하는 프로그램의 두 사본이 온전히 보존되어 자손에게 전달된다는 사실을 발견했다. 교배 후 첫 번째 세대에서 사라졌던 초록색 표현형이 그 자손 세대에서 다시 튀어나올 수 있었던 이유는 노란색 잡종 완두콩 속에서 초록색 완두콩 프로그램이 섞이거나 사라지지 않고 그대로 보존되어 있었기 때문이다.

멘델은 잡종 교배 과정에서 드러난 표현형의 기이한 패턴을 설명할 수 있는 유전 현상의 본질, 즉 "유전되는 것은 유전자형이며, 표현형의 유전은 유전자형 유전의 '조건부' 결과로 일어난다"라는 보이는 세계와 보이지 않는 세계의 작동 원리를 예리하게 감별해냈다.[1]

이처럼 멘델이 화면(표현형) 이면에 존재하는 코드(유전자형)의 세계를 발견해내면서 유전자형은 어떻게 결정되는지, 유전자형과 표현형의 관계는 어떻게 구성되는지를 탐구하는 유전학의 시대가 열리게 된다. 표현형과 유전자형의 구분으로 새로운 인식의 지평이 열리면서 베일에 쌓여있던 생명 프로그램의 실체도 모습을 드러내기 시작한다.

DNA에서 생명 프로그램을 읽다

20세기 들어 눈부시게 진행된 분자생물학 혁명으로 유전자형의 물리적 기반이 규명되면서 유전학은 새로운 국면으로 접어들게 된다. 유전되는 생명 프로그램이 작성된 코드, 즉 유전암호가 DNA나 RNA 같은 핵산의 염기서열임이 밝혀지면서 핵산이라는 물질에 새겨진 정보가 개체의 유전자형을 결정한다는 사실을 알게 된 것이다. 이전까지 개념적으로 설명되던 유전 현상은 분자생물학을 통해 물리적인 설명이 가능한 단계로 도약했다. 마치 특정 프로그래밍 언어로 작성되어 CD나 하드디스크와 유사한 물리적 저장 매체에 담긴 컴퓨터 프로그램처럼 생명체의 자기복제 프로그램 패키지는 세포 속에 들어있는 염색체에 염기서열이라는 언어로 코딩되어 있다. 유전은 그 DNA가 복제되어 자손으로 전달되고 자손의 세포 속에서 DNA에 들어있는 프로그램들이 다시 실행되어 표현형이 재생산되며 일어난다.

프레더릭 생어Frederick Sanger가 염기서열 분석법('시퀀싱')을 개발해내면서 블랙박스 속에 들어있던 '유전자형'의 세계는 베일을 벗고 말 그대로 눈앞에 펼쳐지기 시작했다. 오직 세포만이 읽어낼 수 있던 자기복제 프로그램 패키지의 코드를 인간이 읽을 수 있는 형태인 'A, G, C, T'라는 네 가지 부호로 기술할 수 있는 새로운 시대가 열린 것이다. 한 생명체가 지니고 있는 유전정보의 총체, 즉 유전체는 그 생명체의 세포 속에 들어있는 DNA의 전체 염기서열이다. 따라서 어떤 생명체의 전체 DNA를 읽어낼 수만 있다면 그 개체의 유전자형을 결정하는 자기복제 프로그램 패키지의 코드 전체를 확보하는 것과 다름없다. 효모나 선충 등 비교적 작은 유전체를 지닌 종의 전체 유전체를 시퀀싱한 각종 게놈(유전체) 프로젝트를 필두로 마침내 21세기 초 '인간 게놈

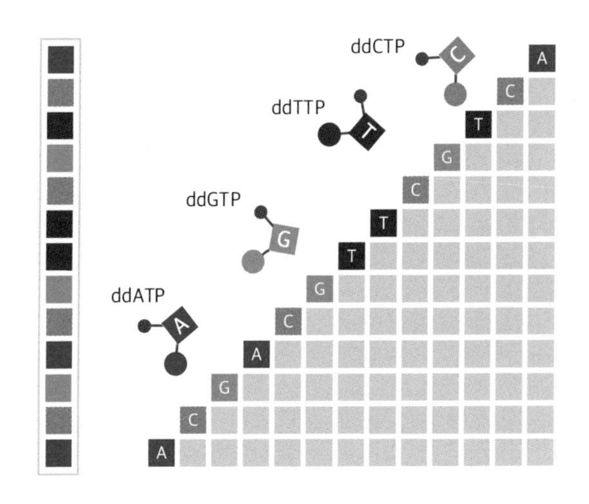

생어 시퀀싱의 기본 원리

생어 시퀀싱은 염기를 더 이상 연결하지 않는 디디옥시뉴클레오티드dideoxynucleotides, ddNTP가 DNA 중합효소에 의해 삽입되는 현상을 이용한다. 디디옥시뉴클레오티드에는 염기끼리 연결되는 -OH기 대신 -H기가 달려 있고, 염기의 종류를 확인할 수 있는 방사성 원소나 형광 물질을 연결할 수 있다. 확인하고 싶은 염기서열을 여럿 복사해 ddNTP, DNA 중합효소 등과 함께 넣어주면 서열을 얻을 수 있다.

프로젝트Human Genome Project' 까지 성공을 거두면서 인류는 우리 자신을 비롯해 지구를 가득 채운 생명체 속에서 매순간 실행되고 있는 경이로운 프로그램들의 코드를 확보했다.

이후 차세대 염기서열 분석법과 같은 시퀀싱 기술의 개발과 혁신이 이어지며 유전체 전체를 읽어내는 데 들어가는 비용과 시간이 현저히 감소하면서 이제 어떤 생명체의 유전자형을 직접 확인할 수 있는 새로운 시대, 즉 포스트 게놈 시대에 접어들었다. 하지만 글자를 깨우친 어린아이가 심오한 종교 경전을 이해하기는 어렵듯 대부분의 생명 프로그램은 코드는 읽을 수 있지만 이해할 수 없는 '암호문'으로 남아 있다. 유전체에는 자기복제 프로그램 패키지를 이루는 다양한 세부 프로그램들이 뒤죽박죽 섞여있어 개별 프로그램을 특정해내는 것 자체가 어렵다. 어떻게 적절한 때와 장소에서 적절한 생명 프로그램이 실행될 수 있는지를 이해하려면 유전암호의 문맥을 읽어낼 수 있는 고도의 독해 능력 또한 필요하다.

유전학의 궁극적인 목표는 유전자형을 결정하는 유전체에 대한 이해가 아니라 유전체에 들어있는 생명 프로그램의 눈부신 활약, 즉 '표현형'의 세계에 떠오른 생명 현상에 대한 온전하고 통합적인 설명을 해내는 것이다. 그런 점에서 게놈 프로젝트의 완수는 유전학의 완성이 아니라 '유전자형-표현형'의 관계를 탐구할 수 있는 풍부한 자료를 제공한 유전학의 인프라 사업이라고 볼 수 있다. 분자생물학과 시퀀싱 기술이 보이지 않던 유전자형의 실체를 드러냈지만 여전히 유전자형으로부터 표현형으로 이르는 길에는 짙은 베일이 드리워져 있다. 마치 종교 경전이나 철학 고전을 깨우쳐가는 학자처럼 21세기 유전학자들은 새롭게 발견된 방대한 생명의 텍스트들을 깨우쳐가며 유전과 생명의 원리를 꿰뚫어 볼 수 있는 독해 능력을 쌓아가고 있다.

변이에 대한 새로운 관점

멘델의 완두 교배 실험은 표현형과 유전자형의 복잡한 관계를 잘 보여준다. 유전자형이 달라도 표현형이 같을 수 있고 유전자형이 같아도 표현형이 다를 수 있다. 순종과 잡종 노란색 완두콩은 유전자형은 다르지만 표현형이 같다. 반대로 완두콩이 자라서 다시 완두콩을 맺기까지 유전자형은 보존되지만 표현형은 나타나고, 변하고, 사라진다. 이처럼 유전자형과 표현형은 일대일로 대응되는 단순한 선형적 관계가 아니라 조건과 맥락에 따라 달라지는 비선형적 관계를 맺고 있다.

표현형의 세계나 유전자형의 세계에서 발견되는 차이를 '변이'라고 부른다. 멘델 이래로 변이는 표현형과 유전자형의 복잡한 관계를 규명하기 위해 유전학자들이 활용한 가장 중요한 현상이라고 할 수 있다. 유전자형의 차이가 표현형에 미치는 영향을 규명함으로써 유전자형으로부터 표현형이 구성되는 원리를 이해할 수 있기 때문이다. 요컨대 프로그램 코드의 차이가 어떻게 화면 위에 나타나는 출력값의 차이를 만들어내는지를 연구함으로써 프로그램의 작동 원리에 접근할 수 있는 것이다.

멘델이 실험에 사용한 순종 완두 품종들은 서로 약간씩 다른 DNA를 가지고 있고 이러한 유전변이의 조성에 따라 각 완두 개체의 유전자형뿐만 아니라 콩의 색깔, 모양 등 다양한 형질의 표현형 변이 또한 결정된다. 하지만 우리가 일상적으로 감각하는 다양한 표현형 변이는 이러한 유전자형의 변이만으로는 설명할 수가 없다. 예컨대 동일한 DNA 사본을 가진 일란성 쌍둥이의 부모가 둘을 구분할 수 있는 것은 쌍둥이 사이에서도 표현형의 차이가 명백히 나타나기 때문이다. 표현형의 차이는 선천적인 유전자형의 차이뿐만 아니라 후천적으로 노출된 환경의 차이에 의해서도 발생할 수 있다. 달리 말해 생명 프로그램의 출력값의 차이는 코드의 차이(유전적 변이) 때문에 생길 수 있지만 입력값의 차이(환경적 변이)에 의해서도 일어날 수 있다. 따라서 생명체들 사이에서 관찰되는 다양한 표현형의 변이가 코드의 차이에서 기인한 것인지, 입력값이 달라서 발생한 것인지를 구별하기는 쉽지 않다.

유전과 환경의 복합적인 상관물로서 생성되는 표현형 변이의 복잡한 본성을 통제하기 위해 지난 세기의 유전학은 주로 효모, 초파리, 선충, 애기장대 등 '모델 생명체'라고 불리는 특수한 종들을 대상으로 연구가 집중적으로 진행되었다. 이들이 유전학의 발전에 크게 기여할 수 있었던 것은 (1) 세대가 짧고 개체 수가 많아 교배 실험과 돌연변이 실험에 용이했고 (2) 환경적인 요소들을 통제한 실험실에서 유전적 변이가 표현형 변이에 미치는 영향을 특이적으로 탐구할 수 있었기 때문이다. 특히 인위적으로 유전변이를 발생시키는 '돌연변이'는 핵심 방법론으로 이용되었다. 생명 프로그램 코드를 이해하는 한 가지 방법은 코드 일부를 망가뜨렸을 때 일어나는 문제를 살펴보는 것이다. 실험실의 유전학자들은 많은 개체에게 방사선이나 화학 물질을 처리해 무작위로 DNA에 돌연변이를 일으킨 후 관심 있는 프로그램의 출력값이 달라진 개체를 찾아내어 그 개체에서 달라진 코드를 추적했다. 이 과정을 통해 생명체의 발생, 생리, 행동, 번식, 심지어 수명을 조절하는 다양한 생명 프로그램과 그 유전적 프로그램을 구성하는 코드의 실체가 모습을 드러냈다.

20세기에 큰 성공을 거둔 돌연변이 실험에서 변이는 그 자체가 연구 대상이라기보다 유전자형으로부터 표현형이 구성되는 원리를 탐구하기 위한 '도구'에 가까웠다. 유전자형으로부터 표현형이 구성되는 원리, 즉 프로그램의 작동 원리를 밝히기 위해 코드를 이리저리 망가뜨려 본 것이라고 할 수 있기 때문이다. 하지만 실제로 자연계에는 표현형 변이와 유전변이가 모두 존재하며 우리의 일상적인 삶에도 중요한 영향을 미친다. 사람들은 서로 조금씩 다른 DNA를 지니고 있으며(유전변이) 각자 키나 몸무게, 특정 질병에 대한 민감도(표현형 변이)도 다르다. 특히 유전병이라고 불리는 질병들은 부모로부터 물려받은 유전변이가 발병 여부(표현형 변이)에 결정적 영향을 미친다.

유전체가 일상적으로 시퀀싱되는 포스트 게놈 시대가 열리면서 유전학자들은 실험실에서 만들어진 돌연변이가 아니라 자연계에 이미 존재하는 무수히 많은 유전변이를 마주하게 되었다. 집단의 유전정보를 획득하면서 집단 내에 존재하는 조금씩 다른 사본의 프로그램 코드들, 즉 코드의 변이까지 발견하게 된 것이다. 이렇게 인간과 다른 종의 집단에 존재하는 유전변이와 표현형 변이의 관계를 연구하는 것이 포스트 게놈 시대 유전학의 주요 과제 중 하나가 되었다. 요컨대 20세기의 유전학이 '유전체는 어떤 프로그램을 담고 있는가?'라는 질문을 푸는 데 힘을 모았다면 포스트 게놈 시대의 유전학은 지난 세기의 성과를 바탕으로 '유전체(프로그램 코드)의 차이가 어떻게 표현형(프로그램 출력값)의 차이를 산출하는가?'라는 문제까지 함께 풀어내야 하는 상황이다.

우리 자신에 대한 질문에 한정하자면 21세기의 유전학자에게는 '인간을 인간답게 만드는 생명 프로그램은 무엇인가?'라는 여전히 어려운 질문에 더해 '인간을 개성 있게 만드는 프로그램의 변이는 무엇인가?'라는 까다로운 질문까지 던져져 있다.

포스트 게놈 시대의 진화유전학

생명체에게 생명을 부여하고 지탱하는 프로그램의 존재는 필연적으로 프로그래머의 존재에 대한 질문으로 귀결된다. 지구 구석구석에서 살아가고 있는 무수히 많은 종은 모두 '복잡계의 재생산'을 수행하는 자기복제 프로그램 패키지를 지니고 있으며 각기 고유한 세부 구성의 자기복제 프로그램 패키지를 지니고 있다. 생명의 역사는 다양한 자기복제 프로그램 패키지가 출현하고 경쟁하여 몰락하거나 끝내 살아남은 역사라고 할 수 있다. 그렇다면 지금까지 존재해온 수많은 생명 프로그램은 어떻게 출현할 수 있었는가?

'진화'는 지구 위에서 저절로 '종'이라고 불리는 다양한 자기복제 프로그램 패키지가 생성될 수 있는 원리이자 끊임없이 창의적인 생명의 코드를 개발해온 프로그래머다. 다윈의 진화론은 생명의 프로그래밍 원리에 대한 직관적인 통찰을 제시함으로써 우리 자신의 생물학적 기원에 대한 새로운 인식을 가능하게 했다. 현재 존재하는 모든 생명 프로그램은 이미 존재했던 프로그램으로부터 출현했으며 인간은 지구라는 정원의 주인이 아니라 수십억 년에 걸쳐 자라난 경이로운 생명 나무의 일부라는 새로운 관점을 제공해준 것이다.

'새로운 종은 어떻게 출현하는가?'라는 질문에 대한 다윈의 대답을 요약하면 "자연에는 변이가 존재하고, 그 변이들 사이에 제한된 자원을 두고 경쟁이 일어나며, 환경에 더 잘 적응한 변이가 자연선택되고, 그러한 변이들이 누적된 결과 종의 점진적인 진화가 일어난다"라는 것이다. 이 대답에서 잘 드러나듯 변이는 멘델의 유전학뿐만 아니라 다윈의 진화론에서도 필수불가결한 핵심 요소다. 새로운 형태나 기능이 생겨나지 않는다면 경쟁은 아무 차이를 만들어낼 수 없고 새로운 종도 결코 진화할 수가 없다. 《종의 기원On the Origin of Species》이 변이에 대한 이야기로 시작하는 것도 바로 변이만이 자연선택과 새로운 종의 재료가 될 수 있기 때문이다.

> 같은 종의 서로 다른 개체들이 완전히 똑같은 틀로부터 만들어진다고 생각하는 사람은 없을 것이다. 모두에게 친숙한 것처럼 종종 세대를 건너 유전되는 이러한 개체들 간의 차이는 우리에게 매우 중요하다. 개체들 간의 차이

는 마치 인간이 품종 개량 과정에서 원하는 방향으로 개체의 특징을 개량해나가듯, 자연선택이 작동하고 축적될 수 있는 재료를 제공해준다.

—찰스 다윈, 《종의 기원》, 2장 〈자연에서의 변이〉 중에서

변이가 누적되어 종의 진화에 이르기 위해서는 변이가 유전되어야만 한다. 다윈은 일찍이 《종의 기원》에서 표현형의 변이를 품종에 의한 변이(유전변이)와 환경에 의한 변이로 구분했고 야생에서나 인간에 의한 품종 개량 과정에서 관찰되는 많은 변이 중에서도 유전변이에 주목했다. 그리고 유전변이만이 환경의 동요에도 흔들리지 않고 새로운 종을 탄생시킬 수 있는 유일한 재료임을 분명하게 제시했다.[2] 안타깝게도 다윈 스스로는 유전의 원리를 선명하게 이해하지 못했지만 유전이 진화와 맺고 있는 불가분의 관계에 대해서는 예리한 통찰을 보여준 것이다.

생명의 연속성은 유전의 성공으로부터 나오며 생명의 다양성은 유전의 실패에서 나온다. 인간과 마찬가지로 세포도 실수를 하고 실패를 한다. DNA 복제 과정에서 실수를 하거나 DNA를 그대로 보존하는 데 실패하기도 한다. 진화란 이러한 유전의 실수와 실패를 창의적으로 응용하여 새로운 프로그램을 창조해낸 생명의 프로그래머라고 할 수 있다. 수십억 년 동안 생명체의 실수와 실패가 진화 프로그래머에

의해 창조적으로 누적되며 지구상에 무수히 다양한 유전체와 생명 프로그램들이 등장했다.

포스트 게놈 시대가 열리면서 진화유전학자들은 유전과 진화가 교차하는 지점에서 새로운 생명 프로그램이 생성되는 원리를 살펴볼 수 있는 다양하고 방대한 유전체(프로그램 코드)를 확보하게 되었다. 서로 다른 개체, 서로 다른 종의 유전체(유전자형)와 표현형을 비교하고 분석함으로써 '어떤 유전변이가 어떻게 생성되는가?' '진화는 생성된 유전변이들로부터 어떻게 크고 작은 표현형의 변화를 이끌어내고 유지시키는가?'와 같은 생성 원리를 깊고 넓게 탐구할 수 있게 된 것이다. 생명체에서 저절로 변경되거나 생성되는 코드와 그 코드의 변이를 다뤄 새로운 프로그램을 만들어내는 생성의 문법을 이해해낸다면 '우리가 어디에서 왔고, 무엇이며, 어디로 가는지'에 대해 더 깊이 설명할 수 있게 되지 않을까.

다윈의 진화론, 유전학과 만나다
진화론의 '현대적 종합'

다윈 진화론의 핵심 요소 중 하나는 변이의 유전이다. 유전되는 변이가 없으면 자연선택도 소용이 없다. 그러나 다윈은 제대로 된 유전 이론을 갖추지 못한 채로 진화론을 정립했다. 《종의 기원》을 읽다 보면 애매모호하고 중언부언하는 구절들이 있는데 아마도 상당 부분이 빈약한 유전 이론을 토대로 진화론을 세워야 했던 어려움에서 기인한 것으로 보인다. 유전학의 창시자인 멘델의 논문이 다윈에게 전달이 되었는지, 전달이 되었다면 다윈이 읽었는지에 대해서는 추측이 분분하다.

1900년에 멘델의 유전 이론이 세 명의 식물학자에 의해 독립적으로 재발견되면서 본격적인 유전학의 시대가 열린다. 그 후로도 수십 년이 지나 드디어 다윈 진화론과 멘델 유전학을 양손에 든 후대에 의해 '진화론의 현대적 종합The Modern Synthesis'이 일어났다.

양적 유전을 유전자 단위에서 설명할 수 있는 이론을 마련해 유전학과 진화론의 현대적 종합을 이끈 통계학자 로널드 피셔경.
© University of Adelaide archive

그런데 유전 이론과 진화론이 현대적 종합을 이루기 위해서는 먼저 유전 이론 내부의 통합이 필요했다. 우리가 교과서를 통해 배우는 멘델의 유전학은 표현형 변이 중에서도 단순하게 범주화할 수 있는 불연속 형질(둥근 모양, 주름진 모양)에 관한 연구로부터 수립되었다. 하지만 생물의 형질은 멘델이 탐구한 불연속 형질과 다르게 양적인 차이를 보이는 경우가 많다. 예컨대 체격, 혈당량, 인지 능력, 작물의 생산량 등은 집단 내에서 연속적 분포의 표현형 변이를 나타낸다. 0과 1의 부모 사이에서 0 혹은 1을 지닌 자손이 나오는 멘델의 형질과 달리 양적 형질의 경우에는 0과 1뿐만 아니라 0.2, 0.5, 0.9, 심지어는 -0.1이나 1.2의 표현형을 나타내는 자손이 나온다.

다윈의 친척이었던 프랜시스 골턴Francis Galton을 비롯한 생물계측학자들은 이미 19세기부터 양적 형질의 유전에 큰 관심을 두고 연속적인 표현형 변이에 대한 데이터를 광범위하게 수집했다. 이를 통해 양적 변이 또한 유전될 수 있음을 집단 수준에서 통계적으로 보여주었다. 그런 생물계측학자에게 멘델 유전학은 양적 형질의 유전을 설명할 수 없는 반쪽짜리 유전학이었다.

양적 형질을 둘러싸고 대립한 두 유전학 전통은 1918년 저명한 통계학자이기도 한 로널드 피셔Ronald Fisher가 발표한 전설적인 논문 <멘델 유전의 가정에 관한 친족 간의 상관관계The Correlation between Relatives on the Supposition of Mendelian Inheritance> 안에서 화해를 이룬다. 양적 유전학의 시대를 연 이 논문은 '극미 모델'을 통해 멘델 유전학과 생물계측학을 융합한다. 피셔는 집단 내에서 특정 형질의 표현형 변이에 영향을 미치는 유전변이들이 매우 많고 유전변이 각각이 미미한 영향만을 미친다면 정규분포를 따르는 연속적인 표현형 변이가 나타날 수 있다는 이론적 틀을 마련했다. 요컨대 양적 형질의 연속적 표현형 변이 또한 통계적 기법으로 '유전자' 단위에서 분석할 수 있는 길을 연 것이다.

피셔에 의해 복잡한 형질의 유전을 설명할 수 있는 이론 틀이 마련되면서 유전학과 진화론의 통합이 본격적으로 진행됐다. 피셔와 더불어 J.B.S. 홀데인J.B.S. Haldane, 수얼 라이트Sewall Wright의 선도적 연구로 집단유전학population genetics에 기반한 진화유전학이 탄생하며 현대적 종합이 비로소 이루어진다. 오늘날 교과서에서 배우는 진화의 정의, '집단 내 대립유전자의 빈도 변화'라는 개념이 이때 자리를 잡은 것이다.

2

생명의 레시피를 찾아라

유전학 혁신과 유전자 통제

인류의 오랜 역사 동안 전쟁은 '전장'이라는 공간에서 무력 충돌을 핵심으로 하는 폭력적 사건이었다. 적대 세력을 공격하기 위해선 아군이 물리적으로 적군이나 그들의 본거지를 침략해야 했다. 무기가 석기에서 청동기, 철기로 바뀌고 총과 대포가 등장한 후에도 한동안 전쟁의 공간적 본질은 별로 달라지지 않았다. 그러나 현대에 들어서면서 전쟁에 큰 변화가 생겼다. 적진에 단 한 명의 군인을 보내지 않고도 표적을 타격하는 것이 가능해졌다. 정찰기와 정찰 위성 등을 통해 적진을 볼 수 있게 됐고 미사일이나 무인기 등을 통해 적진을 타격할 수 있게 된 것이다. 과학기술의 발전은 전쟁의 양상을 뒤바꿨다.

이와 유사한 혁신이 유전학에서도 일어나고 있다. 오늘날 유전학자는 새로운 기술로 보이지 않고 만질 수 없는 DNA를 읽고 조작할 수 있게 되었다. 염기서열 분석법의 발전과 크리스퍼캐스CRISPR-Cas 유전체 편집 기술의 개발은 군사위성과 미사일의 등장이 전쟁의 개념을 새롭게 했듯 유전학 연구의 풍경을 완전히 바꾸고 있다. 특히 2018년 중국에서 최초의 '크리스퍼 맞춤 아기'가 태어나면서 유전학의 기술적 혁신은 일반인에게도 널리 알려지게 되었다. 하지만 크리스퍼캐스는 단순히 질병과 관련 있는 유전자를 '교정'하기 위한 의학적 수단으로 개발된 것이 아니다. 시퀀싱이나 크리스퍼캐스는 유전자 치료에 꼭 필요한 기술이지만 근본적으로는 그러한 유전자 치료가 가능하게끔 하는 유전학의 진보를 떠받치고 있는 주춧돌이라고 할 수 있다.

이러한 기술은 어느 날 갑자기 불쑥 등장한 것이 아니라 보이지 않고 만질 수 없는 유전자를 읽고 조작할 수 있는 힘을 지니고자 하는 유전학의 열망이 맺은 결실이다. 유전학의 혁신을 추동해온 그러한 열망의 구체적인 맥락과 의미를 이해하는 것은 새로운 기술을 장착한 유전학자들이 나아가고자 하는 미래를 짐작하는 데 큰 도움이 된다. 이 장에서는 새로운 발견과 발명을 적극적으로 흡수하며 거듭해온 유전학의 혁신을 짚어보고자 한다.

유전학자들의 안내자, 돌연변이

모든 생명체는 유전정보를 담은 DNA를 지니고 있다. 유전학자는 DNA에 코딩된 생명 프로그램이 어떻게 다양하고 복잡한 생명 현상을 가능하게 하는지를 탐구한다. 유전학적 관점에서 눈에 보이는 생명 현상은 표현형에 해당하고 DNA에 새겨진 유전정보는 개체의 유전자형을 결정한다. 유전학의 핵심 작업은 바로 유전자형에서 표현형이 산출되는 과정을 이해하는 것이라고 할 수 있다.

음주를 예로 들어 보자. 술을 마시면 취하고 시간이 지나면 술이 깬다. 술에 들어있는 에탄올이 체내에 흡수되면서 신경계에 작용해 인지에 영향을 주고 시간이 지남에 따라 에탄올이 체내에서 분해되면서 점점 그 영향이 사라진다는 것은 잘 알려진 '현상'이다. 유전학자는 여기서 한발 더 나아가 이 과정을 매개하는 생명 프로그램이 DNA 속에 코딩되어 있다고 보고 그 코드의 존재를 입증하고 규명하고자 한다.

어떻게 술에 취하고 깨는 것을 조절하는 프로그램이 DNA 속에 들어있는지 입증할 수 있을까? 전통적으로 유전학자들은 프로그램의 존재 여부를 입증하기 위해 돌연변이라는 방법론을 활용해왔다. 이는 만약 음주 반응을 조절하는 프로그램이 DNA에 저장돼 있다면 그 부분을 망가뜨렸을 때 음주 반응에 이상이 생겨야 한다는 논리다. DNA를 손상시켰을 때 덜 취하거나 더 잘 취하는 '돌연변이체'가 만들어진다면, 이 개체의 DNA에는 음주 반응 프로그램이 들어있으며 돌연변이가 바로 그 프로그램을 망가뜨렸다는 결론을 내릴 수 있다.

학문적 호기심을 위해 인간의 DNA를 함부로 손상시

킬 수 없기 때문에 많은 유전학자가 '모델 생명체'를 대상으로 유전학 연구를 수행해왔다. 유전학자들은 수많은 종 가운데에서 돌연변이 연구를 수행하기 용이한 종들을 모델로 선택했다. 방사선이나 화학 물질을 이용해 DNA를 망가뜨려 돌연변이를 확보하는 일은 도서관에서 무작위적으로 책을 뽑아 《종의 기원》을 찾는 일과 비슷하다. 《종의 기원》을 찾을 확률을 최대한 높이는 가장 쉬운 방법은 최대한 많은 책을 뽑아 보는 것이다. 1권보다 1만 권의 책을 뽑을 때 《종의 기원》을 찾을 확률이 1만 배 더 높기 때문이다. 그런 이유로 대장균, 효모, 초파리, 예쁜꼬마선충, 애기장대 등 세대가 짧고 많은 자손을 생산하는 종이 선택을 받았다.

그렇다면 유전학자들은 어떻게 돌연변이 실험을 통해 생명 프로그램의 존재를 입증해낼 수 있을까? 다시 에탄올 반응의 예로 돌아가면 다음과 같은 돌연변이 실험을 설계해 볼 수 있다. 정상적인 에탄올 반응을 보이는 야생형wild type• 의 많은 개체에게 화학 물질 등을 처리하여 DNA에 무작위적인 돌연변이를 일으킨다. 그리고 이 개체들에 에탄올을 처리한 후 내성을 보이는 돌연변이체를 골라낸다. 에탄올 내성이 '유전'되는지 확인하기 위해 돌연변이체의 자손을 얻은 후 다시 에탄올에 노출시켜 내성을 확인한다.

• 돌연변이 없는 자연에서 발생한 종의 전형적 유형.

실제로 이런 과정을 거쳐 예쁜꼬마선충*Caenorhabditis elegans*에서 에탄올 내성을 지닌 돌연변이들이 발견되었다. 야생형의 예쁜꼬마선충은 7퍼센트의 에탄올에 담그면 5분 안에 대부분의 벌레가 만취한 것처럼 뻗어버리고 10분이 지나면 움직이는 벌레를 찾아볼 수 없게 된다. 서울대학교 이준호 교수 연구팀은 야생형 벌레 수만 마리에게 무작위적인 돌연변이를 유도하고 그 자손들을 7퍼센트 에탄올에 담갔다. 그러자 10분이 지난 뒤에도 움직임이 남아있는 에탄올 내성 돌연변이 벌레들이 발견되었다. 연구팀은 돌연변이 개체를 분리해내어 그 자손들에게 에탄올 내성이 유전됨을 확인하고 이들에게 '주당' 돌연변이라는 이름을 붙여주었다.[1]

주당 돌연변이 실험은 술에 취하는 행동과 관련된 생명 프로그램이 예쁜꼬마선충의 DNA 속에 코딩되어 있음을 보여준다. 야생형 벌레와 주당 돌연변이 벌레에게서 나타나는 표현형, 즉 알코올 내성의 차이는 바로 DNA의 변화로 인한 '유전자형'의 차이에서 기인한다. 술 취한 벌레의 움직임이라는 눈에 보이는 행동 이면에 DNA에 들어있는 주당 프로그램이 자리 잡고 있음이 확인된 것이다.

유전학자들은 주당 벌레를 찾아낸 것과 유사한 접근법을 통해 보이지 않는 수많은 생명 프로그램을 발견해냈다. 성장, 발생, 번식, 행동, 노화, 면역, 항상성 등을 조절하는 다양한 생명 프로그램이 돌연변이 연구로부터 그 존재를 드러냈다.

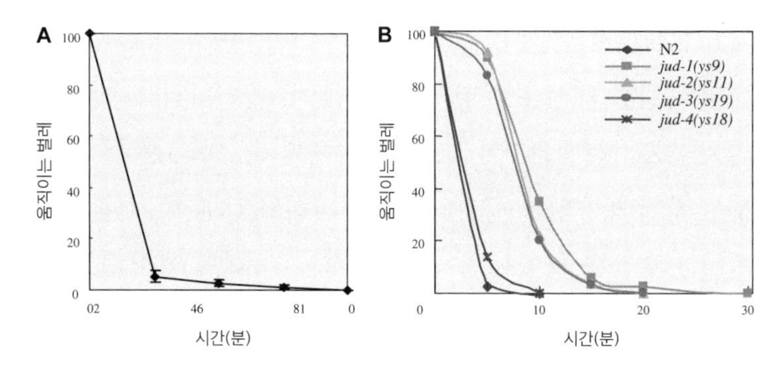

A 그래프에서 보듯 예쁜꼬마선충을 7퍼센트 에탄올에 담그면 10분 안에 움직임을 멈춘다. 하지만 연구자들은 무작위적인 돌연변이를 유도해 B 그래프에서와 같이 10분이 지나도 움직이는 '주당' 예쁜꼬마선충을 만들어냈다.

유전자를 찾아서

문제는 DNA가 눈에 보이지 않는다는 점이다. 수십억 년이라는 생명의 역사 동안 DNA는 오직 세포만이 읽을 수 있는 텍스트였다. 1950년대에 유전물질인 DNA의 구조가 밝혀지면서 DNA를 이루는 염기서열이 생명 정보를 담고 있음이 분명해졌지만 엄청나게 작은 DNA를 읽어내는 것은 고난도의 문제였다. 염기서열을 읽어내려는 많은 노력 끝에 DNA 구조가 밝혀진 지 20년도 훌쩍 지난 1977년에서야 마침내 프레더릭 생어가 손쉽게 DNA를 읽어낼 수 있는 혁신적인 시퀀싱 방법을 고안해냈다.[2]

생어 시퀀싱의 발명은 유전학을 한 단계 도약시켰다.

유전학자들이 DNA를 직접 읽을 수 있게 되면서 돌연변이의 '실체'를 염기서열 수준에서 파악할 길이 열렸기 때문이다. 돌연변이가 레시피(DNA)의 어떤 글자(A, G, C, T)를 바꾸었기에 음식의 맛(표현형)에 차이가 나는지를 알아낼 수 있게 된 것이다. 하지만 DNA를 직접 읽을 수 있는 기술을 확보했음에도 돌연변이 개체의 표현형에 이상을 일으키는 원인 돌연변이를 특정해내는 것은 간단한 일이 아니었다.

돌연변이 실험 과정에서 DNA를 손상시키면 보통 한두 군데가 아니라 아주 많은 곳에서 변이가 일어난다. 유전학자는 이 중에서 어떤 돌연변이가 표현형의 변이를 일으켰는지 특정해내야 한다. 만약 대장균처럼 상대적으로 작은 DNA를 지닌 생명체라면 들여다볼 염기서열이 한정적이지만 예쁜꼬마선충만 하더라도 모래사장에서 바늘 찾듯 100메가바이트(1억 염기)의 방대한 유전체 속에서 원인 돌연변이를 가려내야 한다. 이처럼 DNA에서 원인 돌연변이와 돌연변이가 일어난 유전자의 위치를 찾아내는 것을 '유전자 지도 그리기'라고 부른다.

게놈 프로젝트로 DNA의 물리적 지도가 마련되기 전까지 유전자 지도 그리기는 친구가 "나는 스프링필드에서 왔어"라고 했을 때 미국 내 존재하는 41곳의 스프링필드 중 어떤 곳인지를 지도 없이 알아내는 것과 비슷한 상황이라고 할 수 있다. 이때 한 가지 방법은 잘 알려진 대도시들과의 관계를 통해 간접적으로 파악하는 것이다. 친구가 시카고와 가까운 곳에서 왔는지, 보스턴과 가까운 곳에서 왔는지를 알아내면 어떤 스프링필드 출신인지를 짐작할 수 있기 때문이다.

유전자 지도 그리기에도 이와 유사한 방법이 이용되었다. 유전학자들은 같은 염색체에 위치한 돌연변이들의 거리가 이들의 재조합 빈도에 비례한다는 사실을 응용했다. 형태 이상 등으로 쉽게 식별할 수 있는 돌연변이들을 교배 실험해 염색체 위에서 유전자들의 배열과 상대적인 거리를 확인했고, 이들은 염색체 곳곳에 세워진 표지석 같은 '유전자 표지'가 되었다. 유전학자들은 새로운 돌연변이를 발견하면 교배 실험을 통해 가장 가까운 유전자 표지들을 찾아내고 재조합 빈도로부터 그들과의 거리를 가늠해 유전자 지도 위에 새겨 넣었다.

하지만 이런 방법으로는 돌연변이와 유전자의 대략적인 위치만을 추정할 수 있을 뿐이었다. 생어 시퀀싱으로 DNA의 염기서열이 어떻게 바뀌었는지를 분석하려면 매우 정확하고 좁은 범위로 유전자좌의 위치를 특정할 필요가 있다. 유전학자들은 트랜스포존, 유전자 이식 등의 여러 유전적, 분자생물학적 기법을 이용해 이러한 장벽을 넘고자 했다. 1990년대까지 보통 돌연변이 발견에서 유전자 지도 그리기를 거쳐 돌연변이가 일어난 유전자를 특정해 분리해내는 유전자 클로닝까지 수년이 걸렸고 힘겹게 유전자 클로닝을 해내는 것만으로도 유명한 저널에 논문으로 발표되는 경우가 많았다.

2000년대 들어 차세대 염기서열 분석법을 비롯한 2세대 시퀀싱 기술의 도입은 돌연변이와 유전자를 찾아내는 과정에 혁신적인 변화를 가져왔다. 유전체 전체를 시퀀싱하는 비용이 현저하게 감소하면서 돌연변이 개체의 전체 DNA를 들여다보는 것이 가능해졌기 때문이다. 야생형과 돌연변이의 DNA를 비교하여 돌연변이 개체에서 발생한 염기서열의 변화와 그 위치를 물리적으로 확보할 수 있게 된 것이다. 깜깜한 블랙박스 속에서 돌연변이를 찾아 헤매던 시절이 지나가고 시퀀싱의 환한 불빛 아래 돌연변이와 유전자를 찾아낼 수 있는 시대가 열렸다. 보통 수년이 걸리던 과정이 수개월 이내로 단축되면서 수많은 생명 프로그램과 관련 유전자들에 대한 규명이 훨씬 쉽고 빨라지게 됐다.

게놈 프로젝트와 새로운 유전자 지도

시퀀싱 기술의 개발과 발전은 단순히 기존에 진행되던 유전학 연구의 속도와 해상도를 높이는 데 그치지 않았다. DNA에 새겨진 텍스트를 직접 읽을 수 있게 되면서 유전학은 마치 선사시대에서 역사시대로 넘어가는 것과 같은 질적인 도약을 하게 된다. 유전학자들은 시퀀싱 기술이 지닌 힘을 잘 이해했고 이를 백분 이용하여 유전학의 새로운 장을 열었다.

생어 시퀀싱의 발명은 유전학자에게 새로운 지도에 대한 비전을 제시했다. 유전학자들은 교배 실험으로부터 유추한 유전자들의 '관계'를 바탕으로 그린 유전자 지도가 아니라 DNA 전체를 시퀀싱하여 모든 유전자와 이들의 물리적 위치를 담은 지도를 그리고자 의기투합했다. 이른바 게놈 프로젝트가 시작된 것이다. 1990년대에 동시다발적으로 진행된 게놈 프로젝트들을 통해 박테리아 중 최초로 인플루엔자균 유전체의 전체 염기서열이 밝혀졌고(1995년) 진핵생물 최초로 효모(1996년)와 다세포생물 최초로 예쁜꼬마선충(1998년)의 유전체가 시퀀싱되었으며 2001년에 마침내 인간의 유전체 초안이 발표됐다.

게놈 프로젝트의 성공은 유전학자에게 고해상도 DNA 지도를 제공했을 뿐 아니라 새로운 유전학의 길을 활짝 열었다. 그 길은 정통 유전학과 반대 방향으로 달리는 길이었다. '순유전학'이라고도 불리는 기존의 접근 방법은 표현형으로부터 유전자형으로 향하는 길이었다. 표현형에 이상이 생긴 돌연변이체를 찾아내고 유전자 지도 그리기 등을 통해 원인 유전자와 돌연변이를 규명하는 순서로 연구가 진행됐다. 유전자의 이름 또한 연관된 표현형을 따서 붙이는 경우가 대부분이었다. 예를 들어 몸이 길어진 돌연변이로부터 발굴된 유전자는 '*lon*(긴long)', 움직임이 이상해진 돌연변이에서 발굴된 유전자는 '*unc*(조절이 잘 안 되는uncoordinated)'라고 명명되는 식이었다.

게놈 프로젝트는 돌연변이 연구로 밝혀진 유전자뿐만 아니라 한 번도 보고된 적 없는 수많은 유전자까지 포함된 방대한 염기서열을 드러냈다. 생물정보학은 유전체 빅데이터의 망망대해를 거침없이 항해하며 빼곡히 나열된 염기서열 가운데에서 유전자를 지정하는 서열의 특징들을 포착해냈다. 그리고 유전학자들 앞에 생면부지의 수많은 무명 유전자가 드러났다.

게놈 프로젝트와 생물정보학은 인간과 다른 종이 가지고 있는 전체 유전자의 대략적인 목록을 제공했다. 그 결과 21세기 벽두에 인류는 상당히 충격적인 소식을 접하게 된다. 인간이 예쁜꼬마선충이나 초파리와 비슷한 수의 유전자를 지니고 있으며 그들과 많은 수의 유전자를 공유한다는 사실이 밝혀진 것이다.[3·4] 인간과 초파리 그리고 선충은 외형적으로 너무 다르지만 이런 다양성을 만들어내는 유전자들은 그만큼 크게 다르지 않았다. 말하자면 생명은 한정된 재료들을 가지고 엄청나게 다양한 요리를 하고 있음이 분명해졌다. 다른 종에서 서로 비슷한 구조를 지닌 단백질을 만들어내는 상동 유전자의 존재는 이미 잘 알려져 있었다. 공통조상에게서 물려받은 상동 유전자는 오랜 진화 과정 동안 기능이 달라진 경우도 있지만 종을 막론하고 여전히 비슷한 기능을 하는 경우가 많다. 게놈 프로젝트는 갑자기 엄청난 수의 상동 유전자를 드러냈다. 그 결과 특정 종에서 밝혀진 상동 유전자의 기능이 다른 종에서도 보존되어 있는지 조사하는 연구가 활발해졌다. 예를 들어 효모에서 발견된 세포분열을 조절하는 유전자가 인간 암세포의 활성에 관여하는지, 예쁜꼬마선충에서 발견된 장수 유전자가 포유류인 마우스에서도 같은 기능을 하는지 등의 연구가 주목받게 된다.

후진하는 유전학, 유전자를 통제하다

게놈 프로젝트 이후의 포스트 게놈 시대에 미지의 무명 유전자들의 기능을 밝혀내고 상동 유전자 연구 등 모델 생명체에서의 발견을 확장하기 위해서는 새로운 방법론이 절실했다. 여기에서 새로운 방법론이란 표현형에서 유전자형으로 나아가는 순유전학과 정반대로, 유전자형에서 표현형으로 나아가는 '역유전학'을 말한다. 역유전학은 유전자라는 종착역을 모른 채 오직 돌연변이 표현형만 바라보고 출발해야 했던 이전의 순유전학 여정과는 반대로 유전자에서 출발해 유전자가 조절하는 미지의 표현형을 알아내야 했다.

달리 말해 순유전학의 핵심 과제가 DNA라는 블랙박스 안에 들어있는 유전자를 찾아내는 데에 있었다면, 포스트 게놈 시대의 주요 과제는 DNA의 서열이 밝혀지면서 등장하게 된 기능과 역할이 불분명한 수많은 유전자에 대한 주석 달기가 되었다. 이러한 역유전학을 수행하려면 표적 유전자의 활성을 조절할 수 있는 수단이 필요했다. 유전자를 망가뜨리거나 기능을 저하시킨 후 표현형이 어떻게 변하는지를 밝히면 유전자의 기능을 규명할 수 있기 때문이다.

때마침 밝혀진 RNA 간섭 현상은 유전학자에게 전례 없는 유전자 통제 수단을 제공했다. 예쁜꼬마선충의 게놈 프로젝트가 완수된 1998년, 크레이그 멜로Craig Mello와 앤드루 파이어Andrew Fire는 예쁜꼬마선충에서 이중나선 RNA 절편doublestrand RNA, dsRNA이 유전자 활성을 효과적으로 조절할 수 있음을 발표했다.[5] 세포에 들어간 dsRNA는 자신과 동일한 염기서열을 지닌 유전자만을 선택적으로 억제했다.

유전학자들은 RNA 간섭을 응용하여 마치 입력된 좌표의 목표물을 정밀하게 타격하는 미사일처럼 표적 유전자를 인식하는 dsRNA로 유전자 활성을 통제할 수 있게 되었다. RNA 간섭이 예쁜꼬마선충뿐 아니라 다른 생명체에서도 보편적으로 작동한다는 사실이 밝혀지면서 RNA 간섭은 역유전학의 핵심 수단으로 빠르게 보급되었다. 그 공로를 인정받아 크레이그 멜로와 앤드루 파이어는 논문 발표 8년 만인

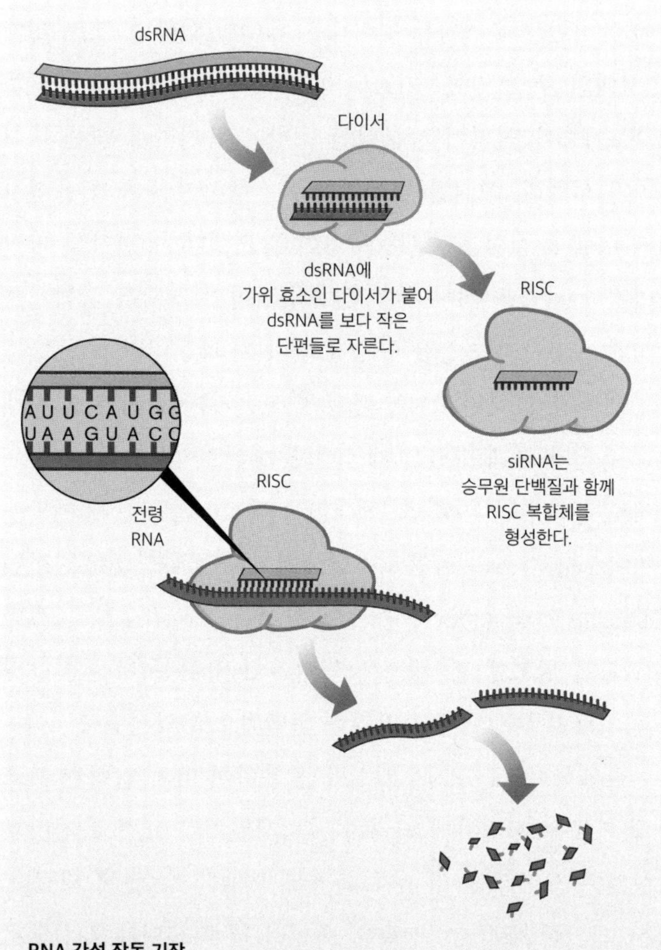

RNA 간섭 작동 기작

dsRNA가 세포 내에 존재한다면 이를 다이서가 짧은 siRNA로 자른다. siRNA는 승무원 단백질과 RISC 복합체를 형성해 자신의 서열과 상보적인 목표 RNA로 이동한다. 그러면 RISC 복합체는 목표 RNA를 분해 또는 억제하여 발현을 방해하고 추가적인 siRNA 생산을 촉진한다.

2006년에 노벨 생리의학상을 수상했다.

순유전학을 통해 유전자에 주석을 달기 위해선 지난한 작업이 수반된다. 특정 표현형에 대한 돌연변이 스크리닝 과정에서 시작해 유전자 지도 그리기 등을 거쳐 돌연변이를 일으킨 원인 유전자를 찾아내야 하기 때문이다. 하지만 RNA 간섭을 이용하면 많은 시간과 노력이 들어가는 유전자 지도 그리기 과정을 건너뛰고 바로 의심이 가는 유전자를 '간섭'해보는 것이 가능하다.

RNA 간섭을 통한 혁신적이고 효율적인 주석 달기는 다수의 불특정한 유전자 기능을 검토하는 데도 활용됐다. DNA에 무작위적으로 변이를 유도한 후 표현형을 살펴보는 돌연변이 실험과 달리 RNA 간섭 스크리닝은 정해진 목록의 수십에서 수천 개에 이르는 표적 유전자의 활성을 저하시킨 후 표현형에 미치는 영향을 검토한다. 스크리닝 이후 무작위 돌연변이 중 원인 돌연변이를 특정해내야 하는 순유전학과 달리 RNA 간섭 스크리닝은 이미 표적 유전자를 알고 있기 때문에 중간 과정 없이 스크리닝만으로도 유전자에 주석을 다는 것이 가능해졌고 이 과정을 거쳐 수많은 유전자의 새로운 기능과 역할이 밝혀졌다.

박테리아의 방패 크리스퍼캐스, 유전학의 첨단 무기가 되다

한편 역유전학의 길이 열리면서 순유전학 연구를 진행하기 어려웠던 모델 생명체 연구도 활발하게 이뤄졌다. 순유전학 연구에 최적화된 선충이나 초파리 등의 큰 한계 중 하나는 인간과 진화적 유연관계가 상당히 멀다는 점이다. 반면 인간과 훨씬 가깝다는 장점을 지닌 마우스의 경우 웬만한 모델 생명체보다 깊은 유전학 연구의 역사가 있음에도 순유전학을 하기에는 다른 모델에 비해 자손 수가 적고 교배 실험에 시간과 비용이 많이 든다는 장벽이 있었다.

1980년대 후반 특정 유전자가 망가진 녹아웃 마우스(유전자 제거 마우스)가 제작되면서 마우스 유전학은 새로운 국면에 접어든다. 상동재조합을 통해 표적 유전자를 망가뜨린 마우스를 만들 수 있게 되면서 역유전학이 가능해진 것이다. 잇따라 진행된 마우스 게놈 프로젝트로 유전체 정보까지 확보되면서 마우스 유전학의 황금기가 열리게 된다.[6] 마우스 유전학자들은 의기투합해 모든 유전자를 녹아웃해 표현형을 조사하려는 녹아웃 마우스 프로젝트를 발족하고[7], 국제 마우스 표현형 컨소시엄을 창립한다. 그 결과 인간과 가까운 동물에서 수많은 유전자가 어떤 역할을 담당하고 있는지를 밝힌 연구가 끊임없이 쏟아져 나왔다. 녹아웃 마우스로 마우스 유전학의 황금기를 연 공로로 마리오 카페키Mario

R. Capecchi, 올리버 스미시스Oliver Smithies, 마틴 에번스Martin Evans는 RNA 간섭이 노벨상을 수상한 이듬해인 2007년 노벨 생리의학상을 수상했다.

그리고 2010년대에 들어서면서 유전학자들은 미생물학으로부터 엄청난 선물을 받는다. 박테리아가 바이러스로부터 자신을 방어하기 위해 갖추고 있는 크리스퍼캐스 체계가 DNA를 '편집'할 수 있는 도구로 활용될 수 있음이 밝혀진 것이다.[8-10] 박테리아는 바이러스의 서열을 인식해 잘라낼 수 있는 가위(크리스퍼캐스)를 지니고 있는데 바이러스 DNA를 자르도록 지정하는 짧은 염기서열을 바꿔주면 원하는 표적 DNA를 잘라낼 수 있다는 사실이 밝혀졌다. 이러한 크리스퍼캐스 시스템을 활용한 유전체 편집으로 유전학자들은 이전의 어떤 방법보다도 직접적이고 간편하게 유전자를 조작할 수 있게 됐다. 크리스퍼캐스는 간접적으로 유전자의 활성을 조절하는 RNA 간섭과 달리 DNA를 직접 고쳐 쓸 수 있기 때문이다. 기존의 녹아웃 기술에 비해 효율도 훨씬 높고 돌연변이를 도입하는 과정도 간단해졌다.

게다가 크리스퍼 유전체 편집 기술은 '유전체' 정보가 범람하는 포스트 게놈 시대에 탄생했다. 가볍고 잘 드는 크리스퍼 가위는 태어나자마자 열렬한 환호 속에 연구실들로 퍼져나갔다. 마침내 키보드를 받아든 프로그래머처럼 유전학자들은 시퀀싱이라는 모니터를 들여다보며 유전체 DNA

를 자유자재로 만지작거릴 수 있게 되었다. 이제 크리스퍼 없는 유전학은 상상하기 어려울 정도가 되었고, 2020년 제니퍼 다우드나Jennifer Doudna 교수와 에마뉘엘 샤르팡티에 Emmanuelle M. Charpentier 교수는 크리스퍼 유전자 가위를 발견한 공로로 노벨 화학상을 수상했다.

유전학 르네상스

유전학은 19세기부터 시작된 오래된 학문이다. 100년 넘게 이어진 유전학자들의 연구 덕분에 생명에 대한 우리의 이해는 엄청나게 확장되고 깊어졌다. 동시에 유전학은 생화학(시퀀싱)과 미생물학(크리스퍼캐스) 등 외부의 진보를 빠르고 적극적으로 흡수하여 혁신을 거듭해왔다. 그 결과 오늘날 유전학은 구닥다리 학문이 아니라 여전히 생명과학의 최전선에서 활약하는 학문으로서 끊임없이 경이로운 생명 프로그램의 실체를 밝혀나가고 있다.

특히 21세기 들어 차세대 염기서열 분석법부터 크리스퍼 유전체 편집 기술까지, DNA를 읽고 편집할 수 있는 혁신적인 수단을 갖추게 되면서 유전학은 르네상스에 접어들었다고 해도 과언이 아니다. 보이는 표현형과 보이지 않는 유전자형(DNA)이라는 구조적인 한계 속에서 고군분투해야 했던 선배 유전학자들과 달리 유전자형을 읽고 편집할 수 있게 된 현대 유전학자들은 '표현형-유전자형에 대한 이해'라는 유전학의 궁극적 과제를 거침없이 풀어나가고 있다. 우주탐사선이 포착한 창백한 푸른 점으로서의 지구가 우리가 살아가는 행성에 대한 새로운 인식을 가져다주었듯 유전학 르네상스는 우리에게 생명에 대한 새로운 이해(DNA 속에 무엇이 들어있으며, 그것이 우리 자신을 어떻게 빚어내는지)를 가져다줄 것이다.

3

생명의 레시피를 만드는 힘은 무엇인가

자연선택 대 중립진화 논쟁

유전체 분석 기술의 발전과 함께 진화생물학은 선사시대를 지나 역사시대에 접어들었다. 화석이나 형태적 유사성 같은 진화적 '유물'에서 생명의 역사를 추정하던 시대를 지나 DNA라는 '문헌'에 기록된 진화적 사건을 읽어내는 새로운 시대가 열린 것이다. 말하자면 마치 조선왕조실록, 고려사, 삼국사기, 삼국유사를 한꺼번에 발견한 국사학계처럼 진화생물학계는 이제 방대한 양의 사료를 들여다볼 수 있게 되었다. 이전까지는 구전으로 전해져 내려오던 전설과 이야기의 역사적 실체를 사료를 통해 되짚어보듯 진화유전학자는 지난 세기 동안 희박한 증거 위에서 제안되었던 다양한 진화 이론을 유전체를 독해하며 검토해볼 수 있게 된 것이다.

그렇다면 진화유전학자는 어떻게 살아있는 생물의 DNA에서 '과거'에 일어난 진화적 사건을 읽어내는 것일까? DNA에서 진화를 해독하는 방법을 이해하기 위해서는 우선 '진화란 무엇인가'에 대한 유전적인 이해가 필요하다.

생명체(개체)는 죽어서 사라지지만 개체의 DNA는 보존과 복제 그리고 번식을 통해 다음 세대로 전달된다. 그런데 보존과 복제 과정이 완벽하지 않아 돌연변이가 발생하고, 유성생식을 하는 종의 경우 DNA가 뒤섞이는 재조합까지 일어난다. 그 결과 생명체가 태어나서 번식하고 죽는 과정을 통해 특정 집단에는 새로운 DNA가 출현했다가 사라진다.

중요한 점은 DNA가 달라지면 개체의 표현형이 달라질 수 있다는 것이다. 생명의 레시피가 담겨있는 DNA의 변화는 생명체의 구조와 기능 변화로 이어질 수 있다. 따라서 DNA가 끊임없이 변한다는 것은 새로운 생명체가 끊임없이 출현한다는 의미이기도 하다. 지구가 오래전 단세포의 행성이었다가 한때는 거대한 공룡이 뛰어다니는 파충류의 행성이었고 지금은 특이한 포유류인 인간으로 뒤덮인 것은 바로 지구 위에 존재하는 DNA라는 분자 집단이 끊임없이 진화해왔기 때문이다.

자연선택과 유전적 부동, 진화를 이끄는 두 기둥

다윈의 진화론은 점진적인 진화론이다.[1] 집단 내에는 변이를 가진 개체들이 존재하고 변이들 사이의 경쟁과 자연선택으로 인해 집단 내에서 특정 형질을 나타내는 개체가 늘어나거나 줄어든다. 이러한 점진적인 변화가 누적되어 환경에 대한 적응과 새로운 종의 출현으로 이어질 수 있다.

20세기 초반 로널드 피셔, 수얼 라이트, J.B.S. 홀데인 등의 활약을 통해 다윈 진화론과 멘델 유전학의 융합으로 집단유전학에 기반한 진화 이론이 마련되면서 다윈의 고전적 이론을 유전적 관점에서 재해석하고 분석할 수 있게 되었다. 이를 통해 진화의 핵심 과정을 '집단 내 유전자풀에서 일어나는 대립유전자의 빈도 변화'로 보는 관점이 자리를 잡게 됐다. 여기서 유전자풀은 집단 내에 존재하는 유전자의 총체를 의미하며 대립유전자는 특정 유전자에 대해 집단 내에서 발견되는 변이를 의미한다. 이를테면 새로운 종 분화와 같은 거시적인 차원에서 종의 진화는 집단의 유전적 조성이 변화하는 미시적 차원의 진화 혹은 소진화가 누적된 결과물이라고 간주된다.

유전자풀과 대립유전자의 빈도 변화를 일으킬 수 있는 요인은 크게 다섯 가지로 요약된다. 첫째, 돌연변이는 새로운 대립유전자를 생성시킨다. 둘째, 집단의 크기가 작을 때 무작위적인 샘플링으로 인해 우연히 대립유전자 빈도가 상당한 수준으로 달라질 수 있다. 이를 유전적 부동genetic drift이라고 한다. 셋째, 이주는 집단 간 개체의 이동을 통해 새로운 대립유전자가 유입되거나 유출되는 유전자 흐름을 일으켜 대립유전자 빈도의 증감을 가져온다. 넷째, 자연선택은 개체의 적응도와 관련된 대립유전자의 빈도에 영향을 미친다. 다섯째, 비무작위적 교배는 성선택이라는 자연선택을 통해 특정 성별이 선호하는 형질과 관련된 대립유전자의 빈도를 증가시킨다.

진화를 가져오는 다섯 가지 요인의 작용 속에서 수많은 대립유전자가 태어나고 소멸한다. 특히 집단의 크기가 매우 큰 경우에는 자연선택이 대립유전자의 운명을 상당 부분 좌우한다고 할 수 있다. 만약 어떤 대립유전자가 개체의 생존과 번식을 손상시켜 적응도를 감소시키면 그러한 대립유전자는 점차 유전자풀에서 사라지게 된다. 이 과정은 해로운 변이를 제거한다는 의미에서 '음성선택' 혹은 유전자 기능을 보존한다는 의미에서 '정제선택'이라고 한다. 반면 개체의 적응도를 증가시키는 대립유전자는 세대를 거듭할수록 빈도가 증가하게 되며 이 과정은 '양성선택'이라고 한다.

반면 집단의 크기가 충분히 크지 않은 경우 유전적 부동이 대립유전자의 운명을 좌지우지할 수 있다. 회색 공과 파란 공이 각각 1만 개씩 들어있는 주머니에서 공 1000개를 무작위적으로 꺼내 새로운 주머니에 담으면 새 주머니에도 회색 공과 파란 공이 일대일에 가까운 비율로 담겨있을 가능성이 크다. 반면 같은 주머니에서 공 2개만을 꺼내 새 주머니에 담는 경우 두 공 모두 파란색이거나 회색일 확률은 50퍼센트나 된다. 즉, 절반의 확률로 회색 공이나 파란 공을 잃어버리게 되는 셈이다. 공을 대립유전자라고 간주하면 회색 대립유전자(혹은 파란 대립유전자)의 빈도가 0퍼센트 혹

유전적 부동으로 인한 대립유전자의 변화

천재지변과 같은 사건으로 인해 개체 수가 급격히 줄어드는 경우 집단 병목 현상이 일어나 우연히 특정 대립유전자가 증가하거나 감소하게 된다.

은 100퍼센트가 될 확률이 절반이나 되는 셈이다.

실제로 자연에서는 유전적 부동이 일어날 수 있는 집단 규모의 감소가 드물지 않게 일어난다. 자연재해 등으로 인해 갑자기 개체 수가 급격히 줄어드는 집단 병목이 일어나거나 소수의 개체가 새로운 서식처로 이주하는 경우 나타나는 창시자 효과•로 인해 대립유전자 빈도가 상당히 달라질 수 있다.

• 한 집단을 구성하는 소수의 특정 개체군이 새로운 곳으로 이주하여 새로운 집단을 형성하는 현상이다. 이주 집단은 그 크기가 작아 유전적 부동이 일어나며 이로 인해 기존 집단과 대립유전자 빈도가 매우 달라진다.

변이 대부분은 중립적이다

집단유전학에 기반한 진화 이론의 토대가 마련되던 당시에 유전자는 물리적인 실체가 밝혀지지 않은 개념적인 대상이었다. 당시에 대립유전자는 서로 다른 '물질'이라기보다는 서로 다른 표현형을 지정하는 '정보'에 가까웠다. 표현형의 차이와 관련이 없는 대립유전자는 애초에 고려 대상이 아니었다. 초기 진화유전학자에게 진화란 생물의 구조와 기능이 변화하는 표현형의 진화를 의미했기 때문이다.

20세기 중반 DNA에 새겨진 유전암호의 분자적 본성이 밝혀지면서 마침내 대립유전자의 실체가 드러난다. 대립유전자의 차이는 유전자를 구성하는 DNA의 특정 부분에 존재하는 염기서열의 변이에 의한 것임을 알게 된 것이다. 마찬가지로 개념적인 설정에 가까웠던 유전자풀 또한 집단을 이루는 개체들이 지닌 DNA의 총체로서 파악할 수 있게 됐다. 분자생물학 혁명은 '분자'의 변화라는 관점에서 진화를 재정립하며 분자진화라는 새로운 장을 열었다.

모투 기무라Motoo Kimura는 이런 분자진화를 상징하는 아이콘이라고 할 수 있다. 기무라는 분자(DNA, 단백질)가 진화하는 속도가 자연선택으로 설명하기 어려울 정도로 굉장히 빠르며 어떤 돌연변이는 표현형에 영향을 주지 않을 수도 있다는 사실에 주목했다.[2-4] 대표적으로 동의돌연변이를 들 수 있다. DNA에는 아미노산의 특정한 서열로 이루어진 단백질에 대한 정보가 들어있는데 3개의 염기로 구성된 유전암호 코돈은 하나의 아미노산을 지정한다. 염기(A, G, C, T)가 네 종류이기 때문에 총 64개의 코돈(4^3=64)이 존재하며, 이들이 20개의 아미노산을 지정한다. 이때 코돈의 숫자가 아미노산의 숫자보다 많아 중복성이 발생한다. 예를 들어 글리신이라는 아미노산을 지정하는 코돈은 GGA, GGC, GGG, GGT 총 4가지가 있다. GGA에서 GGC로 바뀌는 동의돌연변이는 똑같이 글리신을 지정하기 때문에 단백질 구조에 변화를 가져오지 않는다. 따라서 이러한 동의돌연변이는 표현형에 영향을 주지 않는 중립변이로 간주된다.•

또한 아미노산 서열을 변화시키는 비동의돌연변이도 중립변이일 수 있다. 이전과 화학적 특성이 비슷한 아미노산을 지시하는 돌연변이는 단백질의 기능 변화를 일으키지 않을 수 있다. 게다가 단백질의 모든 서열이 기능적으로나 구조적으로 동일한 중요성을 가지고 있지는 않다. 헤모글로빈 단백질을 예로 들자면 산소 결합과 관련된 헴heme기와 상호작용하는 중심부와 비교해 변두리에 위치한 아미노산의 변이는 헤모글로빈의 기능에 영향을 주지 않는다. 달리 말해

• 하지만 실제로는 동의돌연변이도 코돈사용빈도편향이라는 문제 때문에 표현형에 영향을 주는 비중립변이일 수 있다.

단백질 분자가 바뀌어도 개체의 적응도에 영향을 미치지 못하면 변이가 중립성을 띨 수 있다.

적응도와 무관한 중립변이는 집단의 규모에 따라 결정되는 유전적 부동에 의해 빈도가 달라질 수 있다. 분자 수준의 변이에 대한 이해를 바탕으로 기무라는 서로 다른 종 사이에서 관찰되는 DNA와 단백질의 변이 대부분이 중립변이며 이들이 돌연변이 및 유전적 부동이라는 '우연'의 결과물이라는 중립이론neutral theory을 주창했다. 한편 중립변이로 인한 분자의 진화 속도는 외부 조건에 영향(선택)을 받지 않으며 중립변이가 발생하는 속도, 즉 돌연변이율과 동일하다. 따라서 기무라는 돌연변이율이 분자 시계로서 진화적 사건의 역사를 추론하는 데 사용될 수 있다고 제안했다.

진화는 개인전이 아닌 단체전이다

염기서열 분석 기술의 발달로 분자진화에 대한 이해도 확장을 거듭했다. 우선 게놈 프로젝트를 통해 인간을 포함한 여러 종의 유전체 구조가 밝혀지면서 중립변이가 일어날 수 있는 광범위한 DNA 서열의 존재가 드러났다. 인간 유전체의 DNA 대부분은 코돈을 지정하는 암호화 서열이 아니라 비암호화 서열이며 이러한 비암호화 서열에서 일어날 수 있는 사소한 돌연변이의 상당수는 동의돌연변이와 마찬가지로 개체의 표현형에 거의 영향을 주지 않는다. 예를 들어 이미 기능을 잃어버린 유사 유전자에서 발생한 변이의 경우 표현형에 아무런 영향을 미치지 않는 중립변이일 가능성이 매우 높다. 그렇다면 기무라의 주장대로 유전변이의 대부분은 자연선택이나 적응과는 무관한 것일까?

주지할 점은 중립론자와 선택론자 사이에 진행된 논쟁이 형질의 적응성에 대한 '적응주의' 논쟁과는 결이 다르다는 점이다. 중립론자도 기본적으로 적응도에 영향을 주는 변이는 자연선택의 촘촘한 압력 아래 놓여있다고 본다. 다만 분자 수준에서의 변이 대부분이 중립적이라는 관점을 갖고 있다. 즉, 중립론자와 선택론자가 부딪히는 지점은 눈에 보이는 표현형의 변이가 아니라 생명체를 이루는 분자 수준에서 관찰되는 변이가 유전적 부동에 의한 것인지, 자연선택에 의한 것인지를 두고 의견이 갈린다고 할 수 있다.

선택론자는 언뜻 들으면 명백해 보이는 중립이론의 핵심 논리, '많은 변이가 중립적이므로 자연선택과 무관하다'는 논리에는 중요한 허점이 있다고 지적한다.[5] 그들은 변이가 개별적으로 존재하는 것이 아니라 염색체라는 물리적 공동체 속에 자리 잡고 있기 때문에 중립변이라고 할지라도 여전히 자연선택으로부터 자유롭지 않다고 말한다.

인간의 유전자를 약 2만여 개라고 할 때 염색체는 23쌍이므로 각각의 공동체에 약 1000개 남짓한 유전자가 소속되어 있다. 염색체가 복제되고 분리되는 세포 분열 과정에서 유전자 공동체는 함께 움직이며 그 결과 '연관'이라는 유전 현상을 보이게 된다.

연관은 유전학의 창시자 그레고어 멘델이 제안한 유전 원리를 벗어나는 가장 대표적인 경우라고 할 수 있다. 멘델은 서로 다른 유전자가 다음 세대로 전해질 때 독립적으로 분배된다고 예측했다. 예를 들어 완두콩의 색깔 유전변이(노랑/초록)와 모양 유전변이(둥글/주름)는 서로 영향을 주지 않으며 무작위적으로 다음 세대에 분배되어 노랑-둥글, 노랑-주름, 초록-둥글, 초록-주름 콩이 모두 만들어진다는 것을 보여주었다. 하지만 만약 색깔 유전자와 모양 유전자가 물리적으로 서로 완전히 연관되어 있다면, 자손 세대에서는 노랑-둥글, 초록-주름과 같은 특정한 조합의 콩만이 관찰될 수 있다. 같은 염색체에 소속되어 이러한 연관 현상을 나타내는 유전자들의 공동체를 연관군이라고 부른다.

흔히 진화적 관점에서 유전자를 복제자라고 부르며 마치 독립적으로 활동하고 유전되는 개별자로 기술하지만, 복제는 개별 유전자 단위가 아니라 연관된 유전자 공동체 단위로 이뤄진다. 자연선택 또한 마찬가지다. 자연선택이 진화의 매 순간 선택하는 것은 개별 유전변이의 효과가 아니라 유전자 공동체의 효과다. 예를 들어 +100의 변이 X와 -100

의 변이 Y가 완전히 연관되어 있고 두 효과가 완전히 가산적이라면 두 효과의 합이 0이므로 X와 Y 둘 다 자연선택을 받을 수 없게 된다. 이렇듯 연관은 단순히 변이의 유전 양상에만 영향을 미칠 뿐만 아니라 변이의 자연선택에도 영향을 미쳐 전체 진화 과정에서 매우 중요한 요인으로 작용한다.[6]

스포츠에서 개인전보다 단체전 종목의 룰이 대개 더 복잡한 것처럼 진화 또한 개인전이 아니라 유전자 공동체의 단체전으로 진행되기 때문에 복잡한 양상으로 전개된다. 흥미롭게도 유전자 공동체는 폐쇄적인 공동체가 아니라 마치 선수를 트레이드하는 프로야구팀처럼 변이의 교환이 일어나는 열린 공동체다. 바로 교차로 인한 재조합 때문이다. 생식세포를 형성하는 감수분열 과정에서 상동염색체 사이에서로 DNA를 교환하는 교차가 일어나는데 그 결과 결속되어 있던 변이들이 재조합되며 연관이 깨지는 일이 발생한다.

이러한 교차에 의한 재조합은 멀리 떨어진 변이 사이에서 더 잘 일어난다. 교차를 무작위적인 '슛'에 비유한다면 두 변이 사이 거리는 골대 크기에 해당한다고 할 수 있다. 골대 크기가 클수록 아무렇게나 공을 차도 골이 들어갈 가능성이 큰 것처럼 변이 사이의 거리가 멀수록 중간 어딘가에서 교차가 일어나 재조합이 일어날 가능성이 더 크다.

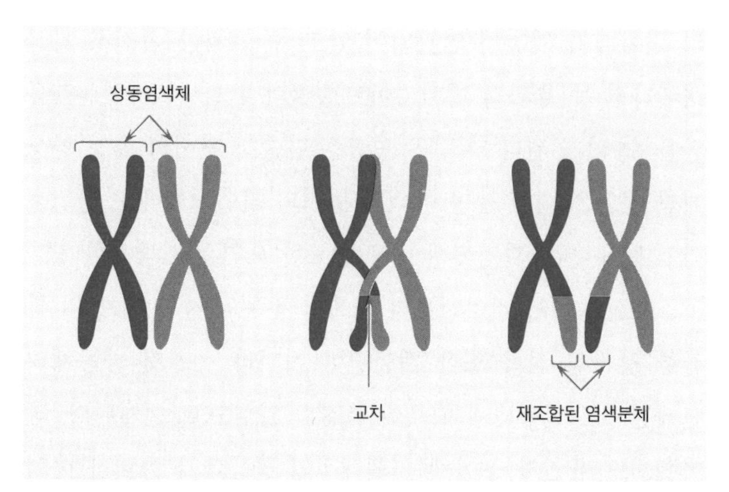

연관을 깨는 교차의 메커니즘
생식세포를 형성하는 감수 1분열 전기 과정에서 상동염색체가 2가 염색체를 형성하는데 이때 상동염색체의 일부가 서로 교환되는 교차가 발생한다.

진화가 남긴 우연과 필연의 흔적들

유전체 공동체 속에서 개체의 적응도에 영향을 주는 유전변이가 출현하면 그 변이는 자신의 운명뿐 아니라 연관으로 인해 주변 변이들의 운명까지 좌우하게 된다. 이롭거나 해로운 변이가 새로 출현하게 되면 연관된 중립변이 또한 함께 퍼지거나 제거되기 때문이다. 이처럼 직접 자연선택을 받는 변이와의 연관으로 인해 일어나는 간접적인 선택을 '연관선택'이라고 부른다. 자연선택 중에서 이로운 변이가 증가하는 양성선택의 경우 연관된 중립변이까지 덩달아 이로운 변이와 함께 퍼지는 유전적 히치하이킹이 일어나고[7], 해로운 변이가 제거되는 음성선택의 경우에는 해로운 변이와 연관된 변이가 함께 제거되는 배경선택이 일어난다.[8] 흥미롭게도 두 종류의 연관선택, 유전적 히치하이킹과 배경선택 모두 자연선택을 받은 변이 주변의 유전적 다양성을 낮추는 결과를 초래한다.

유전자 *A*에서 *a1*이라는 특정 적응변이가 나타나 집단 내에서 퍼지는 양성선택이 진행되는 경우를 생각해보자. *a1*이 점점 늘어나면서 경쟁에서 밀린 *a2*의 빈도가 줄어들 뿐만 아니라 *a2*와 연관된 *b*, *c*, *d*, *e*와 같은 다른 변이도 덩달아 줄어들게 된다. 음성선택의 경우도 마찬가지다. 만약 *x*라는 해로운 변이가 출현하면 이 변이와 연관된 *w*, *y*, *z*와 같은 변이도 음성선택 과정에서 함께 제거된다. 즉, 양성선택이나 음성선택은 연관선택으로 인해 DNA에 유전적 다양성 감소라는 흔적을 남기게 된다.

반대로 교차는 이러한 연관선택의 효과를 희석시킨다. 예를 들어 이로운 변이가 개체군에 완전히 퍼져서 빈도가 100퍼센트가 된다고 할 때(이를 변이의 고정이라고 한다) 그 적응변이에 아주 가까이 위치한 변이는 마찬가지로 빈도가 100퍼센트에 가깝게 늘어나겠지만 멀리 떨어진 변이일수록 교차로 인해 히치하이킹에서 이탈될 가능성이 커지게 된다.

달리 말해 유전적 다양성의 감소라는 진화의 흔적은 실제로 선택이 가해진 비중립변이에 가까울수록 두드러지게 나타난다. 두 변이의 거리가 멀수록 교차 가능성이 증가하고(연관이 약해지고) 연관선택으로 인한 유전적 다양성의 감소도 희미해지기 때문이다.

한편 변이 사이의 거리뿐만 아니라 변이의 위치 또한 연관선택에 중요한 영향을 미친다. 많은 종에서 염색체 팔에 비해 염색체 중앙에서 교차가 훨씬 적게 일어나는데 그로 인해 염색체 중앙에 위치한 변이들 사이의 연관은 더디게 깨지게 되고 연관선택의 특징은 더 광범위하게 나타난다. 그 결과 같은 강도의 자연선택이라 할지라도 염색체 중앙 부근의 적응변이에 가해진 자연선택이 더 광범위하게 유전적 다양성을 감소시키게 된다.

따라서 유전적 다양성과 교차 빈도 사이의 상당한 상관관계(교차 빈도가 높은 염색체 팔에서 변이의 수와 빈도가 더 큼)는 중립론자와 선택론자의 논쟁에서 후자의 손을 들어주는 증거라고 할 수 있다. 만약 집단 내 DNA에서 발견되는 변이 대부분이 돌연변이와 유전적 부동의 결과물이라면 염색체 팔과 중앙 사이에 나타나는 상당한 유전적 다양성의 차이를 설명하기가 힘들다. 실제로 집단 수준에서 DNA가 분석된 수십 종에서 유전적 다양성과 교차 사이의 분명한 양의 상관관계가 보고되어 선택론자의 주장에 힘을 실어주고 있다.

종합하자면 유전자 공동체에 대한 자연선택은 적응뿐만 아니라 비적응적 결과도 동반한다. 중립이론은 적응과 무관한 중립적인 변이가 유전적 부동이라는 우연의 법칙을 따를 것이라고 짐작했지만 실제 자연에서는 이들이 다른 변이와 맺고 있는 '인연'으로 인해 자연선택이라는 필연의 법칙에도 귀속된다. 그리고 진화유전학은 우연, 인연, 필연이 빚어내는 변이의 패턴을 통해 진화의 흔적을 추적하고 있다.

자연선택이라는 빗자루

집단의 DNA를 읽어내는 시간과 비용이 현저하게 감소하면서 DNA 속에서 자연선택의 흔적을 찾아내려는 진화유전학 연구가 많은 결실을 맺고 있다. 동시에 자연선택에 대한 우리의 이해 또한 한층 섬세해지고 있다.

한 가지 예로 양성선택과 이로 인한 연관선택의 특성을 다층적으로 분석하는 것이 가능해졌다.[9] 앞서 설명했듯 특정 환경에 더 잘 적응한 변이가 등장하면 그와 연관된 변이가 집단 내에서 퍼지는 과정에서 적응변이가 위치한 염색체 부분의 유전적 다양성이 감소하는 결과가 초래된다. 이처럼 특정 염색체 부분이 자연선택 과정을 거치며 마치 빗자루로

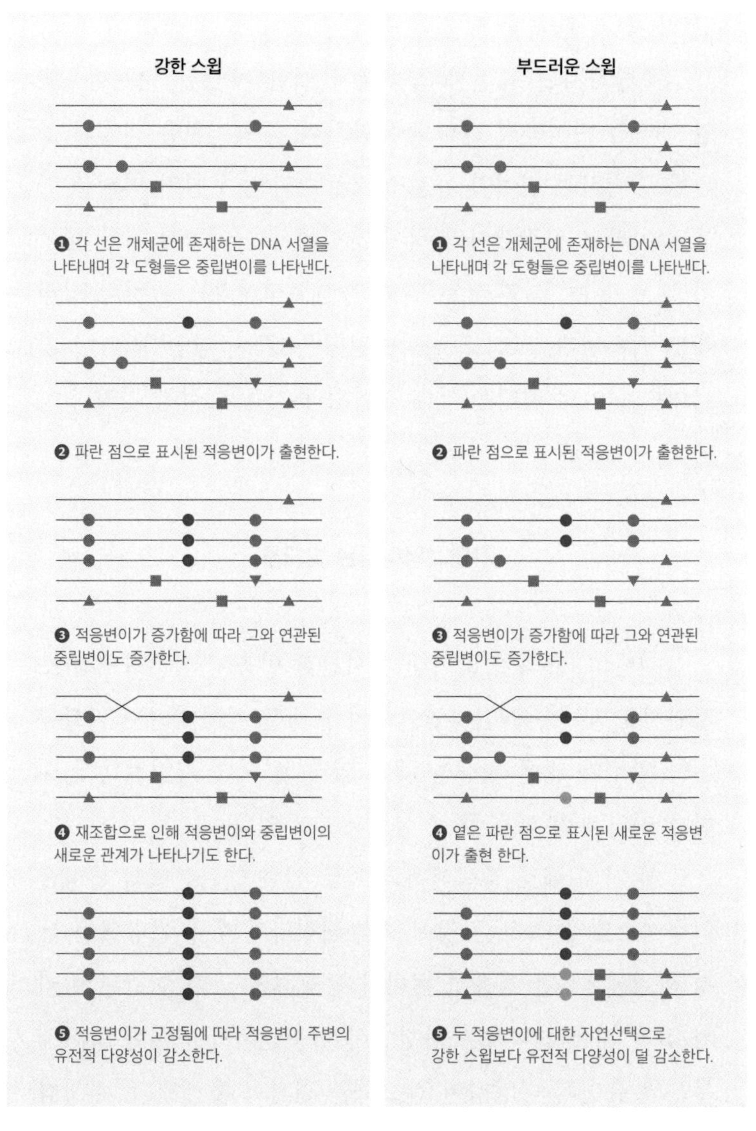

강한 스윕과 부드러운 스윕

강한 스윕의 경우 단일 적응변이의 고정으로 인해 그와 관련된 중립변이의 다양성이 매우 감소하는 반면 부드러운 스윕의 경우 두 적응변이의 선택으로 인해 상대적으로 중립변이의 다양성이 덜 감소되는 모습을 볼 수 있다.

쓸어버린 것처럼 깨끗해지는(변이가 줄어드는) 현상을 선택적 스윕selective sweep이라고 부르며 오래되지 않은 자연선택의 강력한 증거라고 할 수 있다.

방대한 집단 DNA 데이터를 분석하는 진화유전학자는 이러한 양성선택의 빗자루질이 다 똑같지 않다는 사실을 포착했다. 어떤 집단에서는 강한 스윕으로 DNA가 청소된 뚜렷한 흔적이 관찰되었지만 다른 집단에서는 부드러운 스윕으로 DNA가 청소되어 그 자취가 희미한 경우도 관찰되었다. 그리고 강한 빗자루질과 부드러운 빗자루질의 차이가 빗자루 '개수'의 차이에서 기인한다는 사실을 파악했다.[10]

강한 스윕은 단 하나의 계통(빗자루)이 전체 개체군을 스윕했을 경우, 부드러운 스윕은 복수의 계통(빗자루)이 전체 개체군을 스윕했을 경우에 관찰된다. 만약 한 개체가 유전자 *A*에 적응적인 돌연변이를 획득한 채로 태어났고(빗자루 한 개) 그 개체와 자손이 적응변이로 인해 생식적 성공을 지속적으로 거두었다면 집단의 DNA 중 유전자 *A* 주변에서 단일 변이 집단이 퍼지며 전형적인 강한 스윕의 흔적이 나타날 것이다.

하지만 유전자 *A*에 변이를 지닌 개체들(빗자루 여러 개)이 이미 복수로 존재하고 있는 집단에서 환경의 변화로 인해 이들에 대한 선택압이 주어지게 된다면 유전자 *A* 주변에는 단일한 변이 집단이 아니라 여러 변이 집단이 퍼지게 된다. 이러한 부드러운 스윕은 강한 스윕과는 유전적 다양성의 감소폭이나 패턴이 다르게 나타난다.

그렇다면 언제 강한 스윕이 일어나고 언제 부드러운 스윕이 일어나는 것일까? 집단의 크기는 빗자루질의 강도를 결정하는 핵심 요인 중 하나라고 할 수 있다. 집단이 클수록 강한 스윕보다는 부드러운 스윕이 일어날 가능성이 높다. 집단이 클수록 적응변이가 퍼지는 데 더 많은 시간이 필요하고 같은 유전자에 복수의 적응변이를 지니고 있거나 새로운 적응변이가 출현할 확률이 높아지기 때문이다. 많은 종이 진화의 역사 속에서 개체군의 크기가 급격히 감소하는 병목 현상을 경험했지만 대부분의 시기 동안은 상당한 수준의 개체군 크기를 유지했다면 강한 스윕보다는 부드러운 스윕이 더 빈번하게 발생했을 가능성이 상당하다.

HIV 바이러스의 진화는 집단 크기의 변화에 따라 강한 스윕과 부드러운 스윕이 모두 관찰되는 흥미로운 사례라고 할 수 있다.[11·12] 한때 높은 치사율로 악명을 떨쳤던 HIV 바이러스 감염은 흔히 '칵테일 요법'이라고 불리는 고활성 항레트로바이러스 치료법을 통해 일종의 만성질환처럼 관리 가능한 대상으로 자리 잡았고 감염자들의 생존 기간도 훨씬 길어지게 됐다. 하지만 동시에 HIV 바이러스를 가진 사람들이 수십 년 동안 생존하면서 HIV도 숙주의 몸에서 진화할 수 있는 충분한 시간을 갖게 됐다. 그리고 칵테일 요법에 대한 저항성의 진화가 보고되고 있다.

흥미롭게도 한 종류의 약을 사용한 초기 치료법에 대한 저항성의 진화 과정에서는 부드러운 스윕이 나타났고, 칵테일 요법에 대한 저항성은 강한 스윕의 특성을 나타낸다는 사실이 최근 보고되고 있다. 이는 단일 치료제 사용 시 숙주에서 저항성을 독립적으로 획득한 여러 HIV 바이러스가 출현한 반면 칵테일 요법에 대한 저항성은 대체로 단 하나의 바이러스 계통에서 진화되어 숙주 전체로 퍼지게 되었다는 것이다. 아마도 단일 치료제에 대한 저항성과 달리 복합 처방에 저항성을 지니기 위해선 여러 단계의 돌연변이가 필요하며, 칵테일 요법을 처방받은 환자에게서는 바이러스의 숫자(집단의 크기)가 작게 유지되었다는 두 가지 복합적인 이유가 주요하게 작용했기 때문으로 추정된다.

한편 최근에는 집단 DNA 분석에 머신러닝을 적용하여 강한 스윕뿐만 아니라 흔적을 알아보기 어려운 부드러운 스윕까지 포착하려는 연구들도 발표되고 있다.[13] 집단의 DNA를 읽어내면 수많은 변이에 대한 분포와 빈도라는 빅데이터가 생산된다. 이 빅데이터 속에 담긴 자연선택의 흔적을 읽어내기 위해 다양한 집단유전학적 분석 기법을 총체적으로 적용하고, 시뮬레이션을 통해 학습된 알고리즘을 이용하여 선택적 스윕의 흔적을 찾아내며, 심지어 강한 스윕인지 부드러운 스윕인지까지 분간해낸다. 20세기가 진화의 유전적 기반에 대한 단단한 이론적 토대를 마련했다면 21세기 들어 진화유전학은 그 토대 위에서 방대한 유전정보의 분석을 통해 진화의 '실제'를 밝혀나가고 있다.

호모 사피엔스에게는 네안데르탈인이 섞여있다
DNA로 먼 과거를 보는 고유전체학

2022년 노벨 생리의학상은 멸종한 인류의 뼛조각에서 삭고 부스러져 가던 고대 DNA를 구출해 인류 진화 역사를 다시 쓴 고유전체학paleogenomics의 창시자, 스반테 페보Svante Pääbo 박사에게 돌아갔다.

스반테 페보 박사 연구팀은 인간과 미생물의 DNA로 오염된 고시료에서 고대 DNA만을 여과하거나 집적할 수 있는 기법을 개발해 미라보다 훨씬 오래된 고시료에서 고대 DNA를 읽어내는 데 성공한다. 그 하이라이트가 2010년 《사이언스》지에 발표된 네안데르탈인의 유전체 논문이다. 이 논문은 네안데르탈인의 뼛조각에서 유전체 DNA를 추출해 해독하고 이를 현생 인류의 DNA와 비교하여 많은 수의 유전변이를 찾아냈다. 그리고 이 유전변이로부터 아주 충격적인 소식을 인류에게 전하게 된다. 바로 멸종한 네안데르탈인의 변이가 담긴 DNA가 현생 인류, 즉 우리의 DNA 속에

호모 사피엔스는 네안데르탈인과 혼종임을 밝힌 고유전체학의 창시자 스반테 페보.
©wikipedia

들어있다는 사실 말이다.

페보 박사팀의 고유전체학 연구는 가설의 영역에 존재하던 호모 사피엔스와 네안데르탈인의 '성접촉'에 대한 증거를 찾아냈다. 집단과 집단 사이에서 교배, 즉 개체 간 섹스가 이루어지면 유전자가 뒤섞인다. 네안데르탈인의 변이가 호모 사피엔스 집단으로 유입되었다는 것은 이종 간 교배가 이루어졌다는 명백한 증거라고 할 수 있다.

네안데르탈인의 유전체가 발표된 2010년, 페보 박사 연구팀은 호모 사피엔스 및 네안데르탈인과 동시대를 살았던 새로운 화석인류의 발견이라는 또 다른 '빅 뉴스'를 발표한다. 시베리아 남쪽의 데니소바 동굴에서 발견되어 '데니소바인'이라고 명명된 이 종은 고인류학자들에겐 발견된 적 없던 화석인류였다.

이어서 데니소바인과 현생 인류의 DNA를 비교한 연구 결과가 발표됐다. 아니나 다를까 멜라네시아에서 멸종한 데니소바인의 DNA를 무려 전체 유전체의 6퍼센트나 지닌 사람이 발견됐다. 이 사람은 네안데르탈인의 DNA도 지니고 있었다. 즉, 호모 사피엔스가 아프리카를 빠져나와 전 세계로 퍼져나가면서 먼저 네안데르탈인과 교배했고 그 이후에 동진하면서 데니소바인과도 교배했다는 사실을 현생 인류의 DNA가 입증하고 있는 것이다.

페보 박사와 고유전학 덕분에 우리는 이제 알게 되었다. 멸종한 네안데르탈인과 데니소바인이 우리의 조상들과 몸을 섞었고, 사라진 줄만 알았던 그들이 여전히 우리의 DNA 속에서 동거하고 있다는 사실을.

페보 박사는 고유전체학을 통해 '인간의 조건'을 분자 수준에서 탐구하고 있다. 네안데르탈인과 데니소바인을 비롯한 고인류에는 없는, 오직 호모 사피엔스에게서만 발견되는 유전변이, 그중에서도 모든 사람이 공유하는 유전변이가 있을까? 모든 인간이 지니고 있는, 하지만 어떤 멸종 인류도 지니지 않은 이 유전변이들이 오직 호모 사피엔스만이 고도의 문명을 이룩한 비결을 품고 있을까? 스반테 페보 박사와 고유전체학이 들려줄 흥미진진한 이야기들이 기다려진다.

4

질병과 지능을 빚는 유전자

인간 집단유전학과 유전자 교정

호모 사피엔스로서 인간은 개체를 넘어 '집단'으로서 하나의 종이다. 따라서 인간 게놈 프로젝트가 인간 DNA의 염기서열을 밝혀냈다는 표현은 엄밀히 따지자면 사실이 아니다. 몇몇 기증자에서 채취된 DNA가 인류 전체의 유전정보를 대표할 수는 없기 때문이다.

사람들은 서로 다르다. 체격도 외모도 성격도 건강도 제각기 다르다. 한편 개개인은 (일란성 쌍둥이를 제외하면) 서로 다른 DNA를 지니고 있다. 유전학 용어로 표현하자면 개인은 각자 고유한 표현형과 유전자형을 지니고 있다. 유전학의 핵심 과제 중 하나는 바로 집단 내에 관찰되는 표현형과 유전자형 변이 사이의 관계를 파악하고 유전자형 차이가 어떻게 표현형의 차이를 이끌어내는지를 규명해내는 것이라고 할 수 있다.

최초의 인간 유전체 분석에는 무려 수조 원의 연구비와 13년이라는 기간이 소요되었다. 하지만 이후 새로운 시퀀싱 기술이 개발 및 개량되면서 한 명의 DNA를 분석하는 비용과 시간이 기하급수적으로 감소했다. 동시에 같은 비용으로

DNA를 분석할 수 있는 집단의 크기가 수백, 수천, 수만 명으로 늘어나면서 인구 집단의 유전변이를 분석하는 인간 집단유전학이 폭발적으로 성장했다. 인간을 '집단'의 수준에서 분석할 수 있게 되면서 진정한 의미의 '호모 사피엔스 유전학'의 토대가 마련된 것이다.

질병의 건축학 개론

모든 생명 현상은 유전과 환경의 상호작용이 빚어내는 결과물이다. 인간의 행동이나 질병도 마찬가지다. 사람들은 특정 질병에 걸릴 가능성, 즉 질병 감수성 혹은 질병 발생 위험에 차이를 보인다. 질병 감수성에는 식습관, 운동, 스트레스와 같은 환경적 요인도 중요하게 작용하지만 가족력으로 짐작할 수 있는 유전적인 요인 또한 중요하다. 음주와 흡연은 암을 일으키는 주요 환경 요인으로 알려져 있는데 똑같이 술을 마시고 담배를 피우더라도 가족력이 있는 사람의 경우 간암이나 폐암에 걸릴 확률이 훨씬 높아진다.

문제는 질병의 유전적 요인을 쉽게 일반화할 수 없다는 데 있다. 집단 내에서 관찰되는 표현형의 차이 중 유전적 요인이 차지하는 비율을 '유전율'이라 한다. 암이라도 어떤 암이냐에 따라 유전율이 상당히 다르게 나타난다. 유전율을 추정할 수 있는 한 가지 방법은 유전적으로 동일한 일란성 쌍둥이와 그렇지 않은 이란성 쌍둥이를 비교 분석하는 것이다(유전율이 높은 질병일수록 일란성 쌍둥이가 질병에 함께 걸릴 확률이 이란성 쌍둥이의 경우에 비해 높다).

2016년에 발표된 북유럽 지역 쌍둥이 20만 명을 대상으로 한 연구에 따르면, 암의 평균적인 유전율은 33퍼센트 정도이며 피부암과 대장암은 60퍼센트, 신장암은 38퍼센트, 유방암은 31퍼센트 정도의 유전율을 보였다.[1] 이렇게 유전율에 차이가 나타나는 이유는 질병마다 관여하는 유전적 요인들이 상이하기 때문이다.

유전학 용어로 표현하자면 각 질병은 고유한 유전적 건축양식을 가진다. 각자의 DNA 속에는 인구 집단에서 쉽게 발견되는 흔한 변이도 있고 집단에서 매우 드물거나 오직 한 사람에게만 발견되는 드문 변이도 있다. 이들 중 대부분은 살아가는 데 별 영향을 주지 않지만 어떤 변이들은 특정 조건에서 질병의 유병률이나 경과에 유의미한 영향을 미친다. 질병의 건축양식은 특정 질병에 관여하는 변이의 총체를 보여주는 집단유전적 구조라고 할 수 있다. 얼마나 많은 변이가 질병의 유전적 요인으로 작용하는지, 그 변이들이 인구 집단 내에서 흔한지 드문지, 각 변이들이 질병에 미치는 영향이 큰지 미미한지와 같은 요소들이 질병의 건축양식을 결정하는 핵심 요소가 된다.

눈에 보이는 건축물과 달리 유전적 건축양식은 보이지 않는 DNA의 염기서열 형태로 들어있다. 질병의 건축양식을 알아내려면 인구 집단에 존재하는 변이들을 파악해야 하고 그 변이 중에서 질병의 원인이 되는 변이를 찾아내야 한다. 특정 질병에 민감한 개인의 유전체를 분석하면 수없이 많은 변이가 발견되는데 그중에서 매우 소수만이 해당 질병의 유전적 요인을 구성한다. 질병 건축학의 관건은 마치 모래사장에서 바늘을 찾듯이 질병과 무관한 수많은 변이 사이에서 질병과 연관된 변이를 찾아내는 것이라 할 수 있다.

어떻게 DNA 속 수많은 변이 중에서 특정 질병과 연관된 변이를 특정할 수 있을까? 전장 유전체 연관성 분석genome-wide association studies, GWAS은 유전학자들이 변이의 모래사장에서 질병 연관 변이를 찾아내기 위해 널리 이용하는 자석이다. 한 사람의 유전체만 들여다보면 질병 변이를 특정적으로 찾아내기는 불가능하지만 GWAS는 같은 질병을 가진 수많은 사람과 대조군(질병에 걸리지 않은 집단)의 유전체를 비교하여 발병과 연관된 변이를 추출해낸다. 만약 어떤 변이가 대조군보다 암 환자 집단에서 통계적으로 유의미한 수준으로 더 자주 발견된다면 해당 변이는 그 암과 연관되어 있을 가능성이 높다. 발병 유무와 같은 정성적 형질뿐 아니라 정량적 형질 분석도 가능하다. 예를 들어 GWAS는 당뇨병과 연관된 특정 변이를 지닌 집단과 그렇지 않은 집단

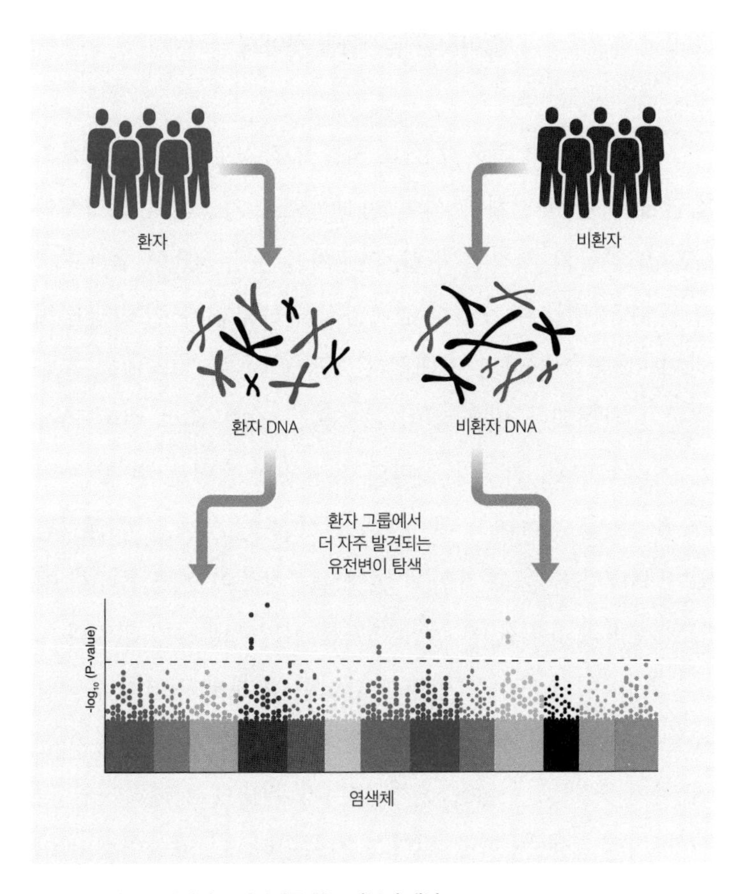

GWAS로 질병과 연관된 유전변이를 찾는 기본적 개념도

의 혈당 수치 분포가 보이는 뚜렷한 차이를 포착해낼 수 있다. 이처럼 GWAS는 유전체 내 많은 변이 각각에 대해 특정 질병과의 연관도를 분석하여 그중에서 유의미하게 연관된 변이를 찾아내는 매우 효과적인 접근법이다.

잃어버린 유전율을 찾아서

유전체 분석 비용과 소요 시간의 감소로 수백 명 이상의 집단에 대한 유전체 분석이 현실적으로 가능해져 본격적인 GWAS 연구가 시작될 무렵, 연구자들은 유전율이 높으면서도 흔한 질병들의 유전적 건축양식을 GWAS가 쉽게 규명해낼 수 있을 것이라고 기대했다. 하지만 흔한 질병에는 흔한 변이가 관여되어 있을 것이라는 흔한 질병-흔한 변이 가설은 여러 GWAS 연구가 질병의 유전율을 설명할 수 있는 연관 변이들을 찾아내는 데 실패하면서 얼마 가지 않아 폐기되었다. GWAS를 통해 찾아낸 변이로는 쌍둥이 연구 등에서 제안된 질병의 유전율 중 상당 부분을 설명해낼 수가 없었다.

'잃어버린 유전율'이라는 난처한 문제에 직면한 유전학자들은 대안으로 세 가지 가설을 제시했다.[2] 첫 번째는 이른바 극미 모델로 수많은 흔한 변이가 질병에 관여하지만 각각 변이의 효과는 아주 적다는 가설이다. 이 가설이 사실이라면 변이 하나하나가 질병에 미치는 효과가 매우 작기 때문에 변이를 가진 집단과 변이가 없는 집단의 질병 감수성 차이도 매우 작아 통계적으로 유의미한 수준으로 확인하기가 매우 어렵다. 두 번째는 드문 변이 모델로 인구 집단 내에는 특정 질병에 대해 많은 종류의 드문 변이가 존재하며 각각의 변이 집단 내에서 발견되는 빈도는 낮지만 질병에 미치는 영향은 크다는 가설이다. 이 경우에는 연관된 변이들의 빈도가 매우 낮기 때문에 GWAS 과정에서 통계적 분석이 가능한 숫자의 변이 표본을 확보하는 것이 어렵다(예를 들어 변이의 빈도가 0.1퍼센트라면 1000명의 표본이 있어야 겨우 통계적으로 무의미한 숫자인 하나의 변이 표본만을 검출할 수 있다). 세 번째는 넓은 의미의 유전율 모델로 유전적 변이와 환경적 요인의 복잡한 상호작용이 잃어버린 유전율에 기여한다는 가설이다. 이 가설에 따르면 개별 유전적 변이의 영향을 분석하는 방법으로는 상호작용의 효과를 검출할 수 없기 때문에 유전율을 충분히 설명할 수 없다.

유전학자들은 잃어버린 유전율을 되찾고 질병의 건축양식을 규명하기 위해 차원이 다른 규모의 연구를 시작했다. 연구 초기의 수백, 수천 명 규모를 넘어 영국의 바이오뱅크를 필두로 수만에서 수십만 명을 대상으로 하는 컨소시엄이 만들어지면서 집단유전학은 새로운 국면에 접어들었다. 표본 크기가 수십, 수백 배로 증가하면서 실제로 잃어버린 유전율을 되찾고 질병의 건축양식을 구성하는 변이들을 확보하는 힘이 크게 증가했다. 표본 크기가 엄청나게 커지면서 극미 모델에서 말하는 변이들의 작은 효과도 통계적으로 유의한 수준으로 검출해내는 것이 가능해졌고, 드문 변이 모델에서 말하는 낮은 빈도의 변이들도 발견될 가능성이 훨씬 커졌다. 그 결과 이전보다 더 자세히 질병의 건축양식을 기술하는 게 가능해졌다.[3] 예를 들어 같은 당뇨병이라 할지라도 1형 당뇨병(인슐린 생성에 문제가 생긴 유형)의 경우 드문 변이 모델 예측에 해당하는 드문 빈도-큰 효과의 변이들이 다수 발견되었고, 2형 당뇨병(인슐린 저항성이 증가한 유형)에는 극미 모델에서 예측한 흔한 빈도-작은 효과의 변이들이 주로 발견되었다.

지능의 유전학

한편 인간 집단유전학의 분석 대상은 질병에 한정되지 않는다. 이론적으로는 측량할 수 있다면 모든 형질의 유전적 기반 분석이 가능하다. '지능'과 같은 민감한 형질도 예외는 아니다. 유전학자들은 '지능은 유전되는가?'라는 원론적인 질문을 넘어서 인구 집단 내 지능 차이가 유전변이에 의해 얼마나 설명될 수 있는지, 어떤 유전자 변이가 지능과 연관이 되어있는지, 그러한 변이들을 통해 지능을 어느 정도까지 '예측'할 수 있는지를 추적해왔다.

질병의 집단유전학과 마찬가지로 지능에 대한 GWAS 연구 또한 초기에는 '잃어버린 유전율'의 문제에 봉착했다. 쌍둥이 연구 등을 통해 추정된 지능의 유전율은 50퍼센트에 육박하는데 2017년까지의 IQ의 유전적 기반을 조사한

GWAS 연구들에서는 공통적인 연관 변이가 발견되지 않았다.[4] 가장 효과가 큰 유전변이조차 지능 변이의 0.05퍼센트만을 설명할 수 있을 뿐이었다.

지능의 잃어버린 유전율을 찾아내기 위해서는 효과가 작거나 빈도가 낮은 지능과 연관된 변이들을 찾아낼 수 있는 통계적인 힘이 필요했다. 그 힘은 지능을 계측한 수십만 명의 유전체 정보를 통해서만 획득될 수 있었다. 이후 각종 대형 컨소시엄을 통해 수십만 명의 유전체 정보는 확보되었지만 이들의 지능을 어떻게 계측하는지에 대한 또 다른 문제에 봉착했다. 유전학자들은 이 난관을 학력이라는 단순한 형질을 이용해 돌파구를 만들어냈다. 대부분의 GWAS 연구는 연구 집단의 인구 구조를 파악하기 위해 참가자들의 학력을 조사했는데 학력은 지능과 상당히 높은 유전적 상관관계를 나타냈다.[5]

2013년 12만 명이 넘는 집단을 대상으로 한 GWAS 연구 결과, 학력과 연관된 세 가지 유전변이가 발견되었다.[6] 이 중 효과가 가장 큰 변이를 지닌 사람들은 그렇지 않은 사람들에 비해 약 2개월 정도 긴 학력을 나타냈다. 2018년에는 무려 110만 명을 대상으로 한 학력 GWAS 결과가 발표됐다. 최종 학력과 연관된 유전변이가 자그마치 1271개 발견되었고 그 결과 집단 내 학력 차이의 11~13퍼센트와 인지 능력 차이의 7~10퍼센트를 유전정보만으로 설명할 수 있게 되었다(GWAS에서 검출된 연관 유전변이들을 바탕으로 만든 다유전자 스코어 모델이 집단 내 표현형 분산 중 해당 비율만큼의 분산을 설명할 수 있음을 의미한다).[7] 더 나아가 이러한 변이들이 DNA상에서 뇌에서 발현되는 유전자가 위치한 부분에 집중적으로 분포하고 있음이 밝혀졌다.

지능에 대한 유전학의 새로운 발견은 우리에게 불편하면서도 복잡한 진실을 드러내고 있다. 지능은 '어느 정도' 유전이 된다. 하지만 지능에 연관된 변이는 매우 많으며 각각의 효과는 대부분 아주 작다. 즉, 물려받으면 무조건 높은 지능을 부여받는 그런 '천재 유전변이'는 발견되지 않았다. 한편 특정 조건에서는 DNA에 분포된 이러한 유전변이들의 조합을 파악해 지능을 예측하는 점수를 매기는 것이 가능하며 어떤 DNA를 지니고 있느냐에 따라서 지능과 학력의 확률분포를 가늠해 볼 수 있다.

그러나 지능 연관 유전변이의 발견이 곧 '유전자 결정론'으로 이어지지는 않는다. 우선 지능의 유전율은 100퍼센트가 아니라 절반 정도이다. 즉, 지능 차이의 상당 부분은 환경의 차이에서 기인한다. 더 중요한 점은 유전율과 유전변이의 효과 또한 환경과의 상호작용을 통해 달라질 수 있다는 점이다. 예를 들어 암기 중심의 교육 과정이라는 '환경'에서 기억을 강화시키는 유전변이는 학력을 늘리는 효과를 가져올 수 있지만 암기에 덜 의존하는 교육 과정으로 환경이 변하면 유전변이의 효과 또한 감소될 수 있다. 따라서 지능의 유전학은 우생학적으로 해석될 위험성이 있지만 오히려 유전적 다양성을 반영하는 새로운 교육 환경을 마련하기 위한 근거를 제공할 수 있다. 국가가 장애 아동에게 특수 교육을 제공할 의무를 지니는 것처럼, 유전적 차이가 교육을 통해 불평등으로 확대되지 않도록 세심하게 교육 시스템을 수정할 필요가 있다. 이 과정에서 집단유전학은 유전자와 교육 환경의 상호작용을 구체적으로 파악하여 '유전적으로 정의로운' 교육 시스템을 찾아 나가는 데 기여할 수 있다.

한국인의 유전학과 정밀 의료 시대

지금까지 살펴보았듯이 인간 집단유전학의 힘은 분석 집단의 '크기'와 비례한다. 동시에 분석 집단, 코호트가 잘 설계되어 있어야 한다. 어떤 집단을 분석하느냐에 따라 전혀 다른 결과가 나올 수 있기 때문이다. 집단 구성원의 인종, 나이, 성별, 성장 환경, 건강 상태 등에 따라 분석 대상의 유전적 다양성과 표현형의 분포가 달라질 수 있다. 예를 들어 유전적, 문화적으로 상이한 집단들이 분석 집단으로 섞이게 되면 각 집단에 존재하는 드문 변이는 발견될 확률이 더 낮아질 뿐만 아니라 문화(환경)적인 차이가 유전적인 차이로 왜

곡될 위험성도 존재한다.

실제로 서구에서 수행된 많은 집단유전학 연구가 분석 대상을 유럽인 계통으로 한정하고 있는데, 유럽인에게서 발견된 유전적인 특징은 한국인에게 확장되지 않을 수 있다. 한국인은 고유한 유전적 조성을 지니고 있으며 한국인의 유전자풀을 구성하는 유전변이의 종류와 빈도는 다른 인종 집단의 유전자풀과 다르다. 유전자풀을 이루는 유전변이가 상호작용하는 '한국'이라는 환경 또한 독특하다. 따라서 유럽인에게서 발견되는 유전변이가 존재하지 않을 수도 있고 존재한다 하더라도 한국의 다양한 환경과의 상호작용에 의해 변이의 영향이 달라질 수 있다(또한 변이들은 서로 유전자-유전자 상호작용을 통해 개별 변이의 효과를 변화시킬 수 있기 때문에 같은 변이라 할지라도 어떤 유전자풀에 속해 있느냐에 따라서 집단의 수준에 서 나타내는 효과가 달라질 수도 있다). 무엇보다 한국인 유전자풀에만 존재하는 변이의 경우 오직 한국인을 대상으로 분석한 집단유전학을 통해서만 발견될 수 있다.

유전체 정보에 기반한 정밀 의료는 거스를 수 없는 시대적 흐름이다. 개인의 유전적 배경은 질병의 예방, 진단, 치료에 중요한 영향을 미친다. 국민의 유전적 다양성을 반영하지 못하는 기존 의료 시스템은 수정될 수밖에 없다. 개인의 복지를 위해서도 정밀 의료는 필요하다. 질병의 위험을 미리 파악하고, 위험을 줄일 수 있는 환경을 마련하고, 질병이 발생했을 때 환자에게 맞는 최적의 치료법을 선택할 수 있기 때문이다. 이러한 정밀 의료는 환자의 유전적 배경과 환경에 따른 '맞춤형' 의료이기 때문에 다른 인종을 대상으로 한 외국의 시스템을 수입해서 사용할 수 없다.

정밀 의료를 실현하기 위한 '규모'의 유전학 연구는 국가 단위의 지원과 실행을 통해서만 이루어질 수 있다. 국가의 주도하에 충분한 규모의 코호트가 구성되어 유전체와 역학 정보가 수집되어야 한다. 그리고 유전체 빅데이터를 분석할 수 있는 유전학자와 생명정보학자가 양성되고 이들의 연구가 지원되어야 한다. 현재까지 한국인유전체역학조사사업 Korean Genome and Epidemiology Study, KoGES 등 정부 기관, 대학, 병원, 연구소 등지에서 구성된 다양한 코호트에서 한국인의 유전체 정보와 역학 정보가 수집되고 있고 정밀 의료를 위한 인프라를 구축하려는 노력이 이어지고 있다. 한국인을 위한 정밀 의료를 실현할 '한국인의 유전학'에 대한 체계적인 계획과 지원이 절실한 시기다.

'유전자 교정'이라는 장밋빛 환상

크리스퍼 유전체 편집 기술은 DNA를 손쉽게 조작할 수 있는 새로운 시대를 열었다. 그리고 일부에서는 크리스퍼 기술로 질병의 원인이 되는 유전자를 '교정'하여 인류를 질병으로부터 구원할 것이라는 장밋빛 전망을 제시한다. 그 전망 속에서 2018년 중국에서 최초로 태어난 유전자 편집 아기가 전 세계를 혼란에 빠뜨렸다.

인간 집단유전학은 유전자 편집 치료의 대상이 될 수 있는 질병 연관 유전자를 밝혀내는 데 큰 기여를 하는 동시에 한편으로는 유전자 '교정'을 통해 질병을 치료하는 일이 결코 간단치 않음을 보여준다. 유전체 편집이라는 중립적인 표현 대신 종종 사용되는 '유전체 교정'이라는 용어 이면에는 유전자 염기서열에 정상이라는 정답이 있고, 난치병 환자에서 오답인 돌연변이를 교정해주면 된다는 인식이 전제돼 있다. 그러나 안타깝게도 그러한 단순한 관점을 적용할 수 있는 질병은 소수에 불과하다. 우선 유전율에서 드러나듯이 많은 질병은 순수하게 유전적 요인에 의해서만 결정되지 않는다. 생활 습관이나 업무 환경 등 환경적인 요인 또한 매우 중요하게 작용하는 경우가 많다.

유전율이 상당한 질병이라 하더라도 많은 경우 효과가 약하거나 빈도가 드문, 수많은 변이가 관여되어 있다. 이러한 질병의 집단유전학적 특성은 유전자 편집 치료의 효율을 떨어뜨릴 수밖에 없다. 효과가 작은 유전변이 다수를 편집해야 하거나, 효과가 큰 변이는 드물어서 검출하기 어려워 해당 치료는 수요가 낮을 것이다.

더 본질적인 문제는 질병의 '원인'이 되는 유전변이를 찾아내기 힘들다는 데에 있다. 운 좋게 GWAS를 통해 상당히 흔하면서도 효과가 큰 질병 연관 변이를 찾았다고 하더라도, 그 변이가 질병과 '연관된' 변이인지 질병을 '일으키는' 변이인지는 확실하지 않기 때문이다. 이른바 상관관계와 인과관계의 문제다. 우리 DNA에 있는 많은 변이는 근처의 다른 변이들과 '엮여'있는 경우가 많다(이를 집단유전학에서는 '연관불평형'을 이루는 변이라고 부른다). 예를 들어 *A*, *B*, *C*라는 세 변이가 연관불평형을 이룬다고 할 때 어떤 사람이 *A* 변이를 지니고 있으면 *B*와 *C*도 지니고 있을 확률이 높다. 동시에 *A* 변이가 어떤 질병 발생 위험을 높이는 효과가 있으면 *B*와 *C*도 자연스럽게 그 질병과 연관된 것으로 나온다. 즉, GWAS로 찾아낸 변이들은 상관관계를 보이는 변이일 수 있기 때문에 유전자 편집 치료를 적용하기 위해선 질병을 일으키는 인과관계를 가진 변이(들)를 특정해내야 한다.

유전변이와 질병의 인과관계를 입증하는 것은 기술적으로 험난한 문제일 뿐만 아니라 이론적으로도 복잡한 문제다. 유전변이의 효과는 환경과의 상호작용(유전자-환경 상호작용)과 다른 변이와의 상호작용(유전자-유전자 상호작용)에 따라 달라질 수 있다. 같은 변이라 할지라도 환경이 달라지면 효과가 사라질 수도 있고 환경이 동일하다 할지라도 개인이 지니고 있는 다른 변이에 따라 효과가 완전히 달라질 수도 있다. 유전자는 오직 복잡한 전체 유전자 네트워크 속에서 수많은 다른 유전자와의 관계를 통해서만 효과를 산출한다. 따라서 유전변이의 효과는 다른 유전변이에 의해 달라질 수 있다. 달리 말해 같은 유전변이를 도입했다 하더라도 환자마다 유전적 배경과 생활 환경에 따라 효과가 전혀 다르게 나타날 수 있다.

유전체 편집 기술과 현대 유전학의 결합은 유전자 편집 치료의 시대를 열 가능성이 크다. 하지만 이러한 이론적, 기술적 한계 때문에 그 적용은 매우 제한적인 범위에서 일어날 것이라고 전망한다. 백신이 인류를 모든 질병에서부터 해방시킬 수 없는 것처럼 크리스퍼 기술 또한 마찬가지다. 새로운 기술은 생명과 진화가 설정해 놓은 '호모 사피엔스'의 틀 안에서 우리에게 효용을 제공할 것이다.

DNA의 구조를 규명한 제임스 왓슨,
인종 간 지능 차이 논쟁으로 과학 인생을 마감하다

DNA의 이중나선 구조를 발견한 공로로 프랜시스 크릭Francis Crick과 함께 1962년 노벨 생리의학상을 수상한 제임스 왓슨James Watson은 2007년 "아프리카와 관련된 서구 국가들의 정책은 비관적으로 전망한다. 모든 사회 정책은 동등한 지적 능력을 갖췄다는 전제에서 출발하지만 (지능) 시험은 그것이 사실이 아니라고 말한다. 흑인 직원을 다뤄본 사람이라면 다 알 것이다"라는 폭탄 발언을 내뱉는다. 이 발언으로 인해 왓슨은 콜드스프링하버연구소 총장직에서 물러나고 사과문을 발표하면서 가까스로 명예직을 유지하다 2019년 방송된 프로그램에서 여전히 같은 견해를 지니고 있으며 "인종 간 지능 차이는 유전적"이라고 한 발언이 알려지면서 그마저도 박탈당했다.

다른 누구도 아닌 유전자의 물리적 실체를 발견한 제임스 왓슨이기에 그의 우생학적 발언은 큰 논란을 일으켰다. 그의 발언을 오직 유전학적인 관점에서 검토하면 어떨까. 우선 '지능'에 대한 정의가 문제가 된다. 실제로 다양한 지능 시험에서 흑인의 평균 점수가 백인보다 상당히 낮게 나온다. 그런데 과연 지능 시험 점수가 정확히 지능을 판별할 수 있을까? 지능을 '지식을 습득하고 적용하는 능력'이라고 한다면 지능 시험은 매우 특정한 지식의 습득 여부와 응용 기술을 측정할 뿐이다. 성적이 뛰어난 사람이 실생활에서는 어리숙할 수도 있고 성적이 낮은 사람이 오히려 다양한 문제를 해결하는 데 더 뛰어날 수도 있다.

백번 양보해서 지능 시험으로 판별할 수 있는 특정한 지능이 흑인보다 백인이 더 높다고 가정한다 해도 여전히 왓슨의 발언에는 문제가 있다. 이러한 차이가 '유전적'이라는 증거가 없기 때문이다. 지능은 유전과 환경의 복합물이다. 아무리 부모에게 좋은 유전자를 물려받더라도 교육을 전혀 받지 못한다면 지능을 발휘하기가 어렵다. 따라서 지능의 차이가 '유전적'임을 입증하려면 그것이 환경에 의한 차이가 아님을 입증해야 한다. 하지만 백인과 흑인 사이에는 엄청난 사회경제적 불평등이 존재한다. 그 불평등은 당연히 흑인의 지능 시험 점수 평균을 낮추는 방향으로 작용한다. 그렇기에 왓슨의 발언과 달리 오히려 흑인이 백인보다 평균적으로 더 높은 지능을 지니고 있지만 환경으로 인해 역전되었을 가능성도 배제할 수 없다. 즉, 두 인종 간 환경의 차이가 지능 점수 차이에 얼마큼의 영향을 미치는지 정확하게 분석할 수 있는 방법이 마련되지 않는 한 '백인이 흑인보다 유전적으로 우월한 지능을 지니고 있다'는 주장은 근거가 없다.

진화적 관점에서 봐도 백인이 흑인보다 우월한 지능을 지니고 있어야 할 이유가 분명하지 않다. 인구 집단 내에는 인간의 인지 능력에 차이를 만들어내는 유전변이들이 분명히 존재한다. 인종 내 지능의 유전적 차이

제임스 왓슨은 인종 간 지능 차이가 있다는 주장으로 수많은 비판을 받아 결국 과학자로서의 삶을 내려놓았다. ©wikipedia

는 집단유전학 연구를 통해 뒷받침되고 있다. 인종 간 지능 차이도 이론적으로는 제기할 수 있다. 인간과 다른 유인원 종 사이에서 지능의 차이가 확인되는 것처럼 말이다. 하지만 이러한 차이가 나타나려면 서로 다른 인종의 모집단이 다른 진화적 선택압을 받아왔으며, 그 결과 인지 능력과 관련된 변이 구성에 뚜렷한 차이가 생겼어야 한다. 달리 말해 백인이 흑인보다 높은 지능을 지니게 되었다면 그럴 만한 역사적인 이유가 있어야 한다. 왜 아프리카를 빠져나와 유라시아 대륙 서편에 정착한 인구 집단에서 유독 다른 인구 집단보다 더 똑똑하게 만드는 자연선택이 일어났어야 했는지 과연 왓슨은 설명할 수 있을까?

5

유전자에 본능이 쓰여있다는 불온

행동유전학의 빛과 어둠

'본능'이란 무엇인가? 브리태니커 백과사전에 따르면 본능은 "특정한 외부 자극에 반응해 수행되는 선천적 충동 혹은 행동 동기"를 뜻하며 "오늘날에는 일반적으로 정형화되고 명백하게 학습된 적 없으며 유전적으로 결정된 행동 패턴"을 뜻하는 개념으로 사용된다.

요컨대 본능은 동물이 태어나면서 저절로 획득하는 행동 프로그램이라고 할 수 있다. 동물들은 자신의 육체를 정확한 패턴으로 활용하여 만들어낸 행동을 통해 생존, 이동, 섭식, 짝짓기, 사회 활동을 한다. 그리고 이러한 행동 프로그램은 '유전'을 통해 세대를 건너 전달된다. 선천적인 행동 프로그램 덕분에 누가 가르치지 않아도 사자는 사자로서, 개미는 개미로서의 삶을 영위해나갈 수 있다.

각 종마다 고유한 본능이 유전된다는 것은 DNA 속에 동물의 특징적인 생김새에 대한 정보뿐 아니라 종 특이적인 행동 패턴에 대한 정보 또한 저장되어 있음을 뜻한다. 하지만 형태라는 특징에 비해 행동이라는 형질은 훨씬 복잡하며 변화무쌍하다. 예를 들어 사자의 생김새는 하루 동안 거의 변하지 않지만 사자의 행동은 잘 때, 사냥할 때, 구애할 때 전혀 다른 양상으로 전개된다.

따라서 어떻게 행동 프로그램이 DNA에 담겨 세대마다 정확히 설치되고 실행될 수 있는지, 더 나아가 그런 프로그램들이 어떻게 만들어졌는지('본능의 진화')를 이해하는 것은 생물학에서 가장 난해한 문제 중 하나다. 찰스 다윈 또한 《종의 기원》에서 '본능'이라는 주제로 한 장을 할애하고 "꿀벌이 방을 만드는 것과 같은 놀라운 본능은 많은 독자에게 나의 이론 전체를 전복시킬 정도로 어렵게 받아들여질 것"이라며 이 문제의 난해함에 대해 다루기도 했다.[1]

유전자에서 행동까지

'본능이 어떻게 유전되는가?'라는 문제에 대한 생물학적 패러다임은 행동에 대한 환원주의적 관점을 기반으로 한다. 동물의 행동은 동물의 '움직임'을 통해 만들어지는데, 여기서 신체를 정교하게 지휘하여 움직임의 패턴을 정확하고 섬세하게 조절하는 역할을 수행하는 것이 바로 신경계다. 따라서 본능의 유전을 연구하는 첫 번째 방법은 행동을 신경계로 환원하는 것이다.

신경계는 어떻게 행동을 빚어내는가? 신경계는 뉴런이

라 불리는 신경세포들의 네트워크다. 말미잘의 단순한 신경계에서부터 1000억여 개의 뉴런으로 이루어진 인간의 뇌에 이르기까지, 일부 원시동물을 제외한 대부분의 동물은 행동을 조절하는 신경계를 지니고 있다. 신경계는 외부 자극을 감지하고 종합하여 반응 혹은 운동을 이끄는데, 신경생물학은 이러한 네트워크가 만들어지고 작동하는 원리를 탐구한다. 그 과정에서 두 번째 환원인 신경계에서 뉴런으로의 환원이 이루어진다. 즉, 개별 신경세포들의 작용이 모여 어떻게 전체 네트워크 차원에서 활동을 조절하는지를 분석하는 것이다.

마지막은 신경계와 신경세포를 빚어내는 분자 층위로의 환원이다. 신경세포는 분자로 이루어져 있으며 신경세포 사이의 연결 또한 분자를 매개로 구성된다. 나아가 신경계의 구조뿐만 아니라 신경세포와 신경계의 기능 또한 궁극적으로 분자의 활동과 변화를 통해 매개된다. 그리고 신경세포의 DNA에는 바로 이 분자들을 요리하는 레시피, 즉 유전정보가 담겨있다. 따라서 DNA를 포함한 분자들의 활동으로 개체 수준의 표현형인 행동을 설명하는 것이 '본능'에 대한 환원주의적 패러다임의 골격이라고 할 수 있다.

본능을 유전자의 활동으로 설명하려는 행동유전학의 기원은 사실 DNA의 발견이나 분자생물학이 성립되기 훨씬 전인 19세기까지 거슬러 올라간다. 우생학으로 유명한 프랜시스 골턴은 1865년 〈유전적 재능과 성격Hereditary Talent and

Character〉이라는 논문에서 정신적인 특질에 유전성이 있음을 통계적인 방법을 통해 분석하여 발표했다.[2]

하지만 현대적인 의미에서의 행동유전학은 유전학과 분자생물학 혁명을 통해 마련된 생물학 패러다임 속에서 기틀을 잡았다고 할 수 있다. 초파리*Drosophila melanogaster*는 그중에서도 가장 핵심적인 역할을 한 모델 생명체다. 유전학의 주요 모델 중 하나인 초파리는 다채로운 행동 패턴을 나타내면서도 통계적 분석이 가능할 정도의 행동 데이터를 수집하기에도 용이해 행동의 유전적 기반을 탐구하기에 안성맞춤이다. 예를 들어 특정 자극(빛, 냄새 등)을 쫓는 행동을 분석한다고 할 때 쥐를 가지고 몇 달 동안 모아야 하는 데이터의 양을 초파리로는 며칠 만에 얻을 수 있다.

아직 핵산(DNA, RNA)이 유전물질임이 밝혀지기도 한참 전인 1918년 초파리 유전학의 대부 토머스 모건Thomas Morgan의 제자였던 로버트 매큐언Robert McEwen은 최초로 행동에 이상을 보이는 초파리의 돌연변이를 발견한다.[3] 그는 초파리의 행동과는 상관없는 연구를 통해 발견된 돌연변이가 빛을 좇는 행동에도 이상을 보임을 관찰한 것이다. 행동이 유전자들을 통해 프로그램되어 있다면 유전자 돌연변이가 행동 변화를 일으킬 것이라는 논리적 귀결에 이르는데 초파리를 통해 그 증거가 최초로 제시된 것이다.

하지만 유전자와 행동의 직접적인 관계를 연구한다는

행동유전학의 패러다임이 널리 받아들여지는 데는 상당한 세월이 걸렸다. 바이러스와 박테리아라는 단순한 시스템을 통해 유전의 분자적 원리를 겨우 이해하기 시작했던 20세기 초중반 당시에는 행동을 유전자의 활동과 대응시키려는 시도가 일종의 '비합리적인 관점'으로 받아들여졌다. 오늘날 현대 행동유전학의 창시자 중 한 명으로 기려지는 시모어 벤저Seymour Benzer가 본격적으로 초파리 연구를 시작했을 때 주변의 시선 또한 그랬다.

빛과 어둠 속의 행동유전학

분자생물학 혁명 당시의 입지전적인 인물 중 한 명이었던 벤저는 마찬가지로 분자생물학의 기틀을 세운 막스 델브뤼크Max Delbrück로부터 한 통의 편지를 받는다. "요즘 네 논문들 너무 지루해. 이제 네 논문 안 읽을 거야." 편지를 읽은 벤저는 "나도 네 논문 안 읽어!"라고 화를 내는 대신 새로운 연구를 시작하기로 결심한다.[4]

당시 벤저를 매료시켰던 문제는 바로 전혀 다른 성격을 지닌 두 딸이었다. 벤저는 성격의 차이를 이끌어내는 유전적인 요인과 환경적인 요인이 각각 어느 정도인지, 그런 문제를 어떻게 유전학적으로 접근할 수 있는지 고민했고 '집단'

수준의 연구를 진행할 수 있는 초파리를 모델로 선택했다. (일화 1. 벤저는 한 인터뷰에서 자신이 초파리 연구를 시작했다는 얘기를 들은 어머니가 "너 그걸로 먹고 살 수 있니?"라고 걱정하며 옆에 있던 며느리(벤저의 아내)에게 "재가 초파리의 뇌를 연구한다면 우리는 저 애의 뇌를 연구해봐야 하지 않겠니?" 라고 말했다고 한다.)

벤저의 진로 변경을 걱정한 것은 그의 어머니만은 아니었다. 대장균이나 바이러스를 대상으로 분자 단위에서 생명 현상을 연구하던 돌연변이 방법론으로 동물의 행동을 연구한다는 벤저의 접근법에 동료 분자생물학자들까지 우려를 표했다. 행동은 바이러스나 박테리아가 DNA를 복제하고 단백질을 만들어내는 과정에 비해 훨씬 더 복잡하며 당연히 수많은 유전자에 의해 조절된다는 것이 당시의 통념이었다. 자연히 개별 유전자를 망가뜨리는 돌연변이 방법론으로 행동을 분석하겠다는 벤저의 계획에 대부분은 회의적인 시각을 보였다.

하지만 벤저는 굴하지 않았다. 그는 마치 핵산을 분리하듯이 행동 패턴에 따라 초파리를 구분할 수 있는 실험 방법을 마련했고 이를 이용해 방대한 양의 행동 돌연변이들을 찾아냈다. 그중 가장 초기에 발견한 돌연변이는 일찍이 매큐언이 주목했던 빛을 향해 나아가는 주광성에 대한 돌연변이었다.[5] 그의 연구는 다른 장애로 발굴된 돌연변이의 행동을 시험한 매큐언과 달리 무작위적으로 돌연변이를 만든 후 행동에 문제가 생긴 행동 돌연변이를 직접적으로 발굴했다는 점에서 중요한 의의를 지닌다. 그는 이 성공에 힘입어 구애 행동 등 다른 행동 돌연변이들을 발굴하기 시작한다.

주광성에 대한 논문이 발표된 다음 해인 1968년 벤저의 연구실에서 2017년 노벨 생리의학상의 주인공이라고 할 수 있는 피리어드 유전자가 발견된다.[6] 사람들이 밤에는 자고 낮에는 활동을 하듯이 초파리 또한 밤낮에 따라 행동 패턴이 다르게 나타나는데, 벤저 연구실의 로널드 코놉카Ronald Konopka라는 학생이 초파리 번데기가 낮에 주로 우화하는 현상을 이용해 우화의 리듬이 깨진 돌연변이를 발견해냈다. 피리어드 유전자가 망가지면 돌연변이는 24시간 주기의 리듬이 아니라 엉뚱한 시간 단위의 주기를 나타내거나 아예 리듬 자체가 사라진다. 말하자면 벤저와 코놉카는 초파리에 내재된 행동의 일주기 패턴을 조절하는 데 핵심적인 역할을 하는 시계 유전자를 찾아낸 것이다. (일화 2. 재밌게도 벤저는 자신이 행동유전학을 시작하도록 자극을 준 델브뤼크에게 피리어드 유전자를 발견한 이야기를 들려줬는데 "난 안 믿어"라는 반응이 돌아왔고, 벤저가 "이봐, 우리가 유전자를 이미 발견했다고!"라고 얘기했지만 델브뤼크는 여전히 불가능한 일이라며 "나는 한마디도 못 믿겠어"라고 완고하게 답했다고 한다.)

델브뤼크가 믿건 말건 피리어드 유전자는 분명 발견

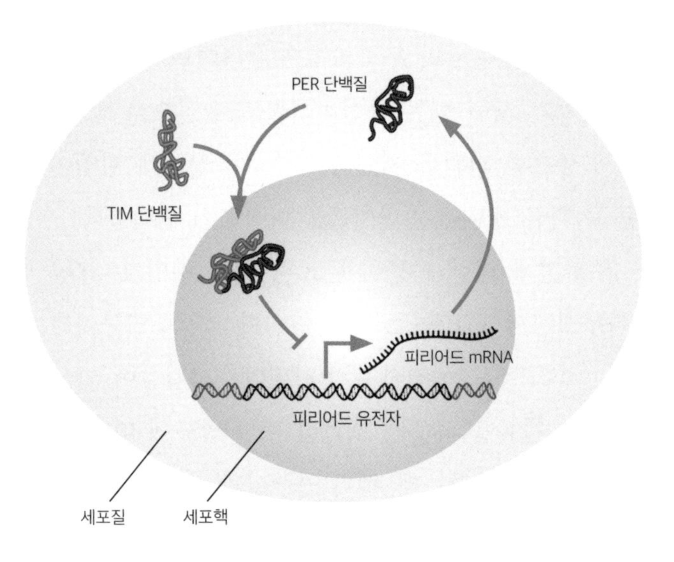

피리어드 유전자를 통한 생체 시계의 작동 원리 개념도

밤에는 피리어드 유전자가 발현돼 mRNA가 세포질에 쌓이고 새벽에 PER 단백질이 만들어진다. PER 단백질은 TIM 단백질과 결합한 뒤 핵으로 이동해 피리어드 유전자의 발현을 억제한다. 따라서 낮 동안에는 피리어드 유전자가 발현되지 않아 mRNA는 만들어지지 않는다. 생체 시계는 이렇게 억제하는 피드백 고리로 작동한다.

된 것이었고 클로닝되어 리듬을 만들어내는 분자적 기작까지 규명되었다. 2017년엔 이미 벤저와 코놉카가 세상을 떠난 후라 노벨 생리의학상은 피리어드 유전자를 클로닝하고 작동 기작을 밝힌 다른 연구자들에게 주어졌다. 벤저는 개척 정신으로 돌연변이를 중심으로 한 정통 유전학적 접근법이 행동이라는 복잡한 생명 현상에도 적용될 수 있음을 입증했고 행동유전학을 양적으로나 질적으로 성장시키는 데 결정적인 역할을 했다. 이후 RNA 간섭, 크리스퍼 등을 이용한 새로운 유전학적 기법이 도입되고 카메라 및 정보 기술의 발전이 행동 측정 및 분석의 혁신에 응용되면서 행동유전학자들은 더욱 다양하고 복잡한 행동들의 유전적 기반을 밝혀나가고 있다. 그 가운데에서 벤저의 후학들을 포함한 초파리 행동유전학자들은 여전히 핵심적인 기여를 하고 있다.

벌레의 마음을 그리다

행동유전학은 단순히 행동을 조절하는 유전자의 '존재'만을 입증하는 것을 넘어 유전자들이 어떻게 행동을 빚어내는지 그 '기작'까지 이해하고자 한다. 유전자는 다양한 방식으로 행동에 관여할 수 있기 때문에 유전자의 작동 기작에 대한 이해가 뒤따르지 않으면 행동의 유전적 기반에 대한 오해가 생길 수 있다. 예로 들어 단순히 날개를 만드는 유전자가 망가져도 주광성 행동이 사라질 수 있다. 이는 빛을 감지하고 빛으로 나아가는 본능에 문제가 생긴 것이라기보다는 본능을 발현할 기회를 상실했기 때문에 나타난 행동 결함에 가깝다.

행동은 패턴화된 움직임을 통해 완성되며 패턴을 만드는 직접적인 지시는 신경계로부터 나온다. 달리 말해 유전자가 직접 행동을 일으킨다기보다는 그러한 행동을 수행할 수 있는 신경계를 만들고 자극에 대한 반응성을 유지한다고 할 수 있다. 행동유전학자의 가장 큰 관심 또한 행동에 영향을 줄 수 있는 많은 유전자(예를 들어 날개 발생 유전자) 중에서 직접적으로 신경계의 구조와 기능을 조절하는 유전자들에 집중된다. 따라서 일반적으로 행동유전학자는 신경계의 유전적 기반을 탐구하는 신경유전학자이기도 하다.

행동의 신경회로는 행동유전학과 신경유전학이 만나는 접속면이자 신경계를 구성하는 기능적 단위라고 할 수 있다. 초파리를 예로 들자면 뇌 속에 들어있는 10만여 개의 뉴런이 이루는 네트워크가 다양한 행동을 조절하며 특정 행동마다 관여하는 뉴런의 종류가 서로 다르다. 예컨대 빛을 좇아 날아가는 주광성 행동의 경우 빛을 감지하고, 시각 정보를 해석하고, 이를 근육의 움직임으로 출력하는 뉴런들이 신경회로를 이룬다고 할 수 있다. 따라서 유전자가 어떻게 행동을 조절하는지를 이해하기 위한 핵심 과정은 유전자가 작용하는 신경회로를 찾아내고 그 회로에서 유전자의 역할을 규명하는 것이다. 문제는 크고 복잡한 포유류의 뇌뿐만 아니라 10만여 개의 뉴런으로 구성된 초파리의 뇌에서도 이들이 어떻게 서로 연결되어 신경회로를 이루고, 각각의 신경회로들이 어떻게 특정 행동을 조절하며, 어떤 유전자들이 이 과정에 관여하는지를 이해하는 일이 매우 복잡하고 어렵다는 점이다.

미국 캘리포니아공과대학교 벤저의 연구실에서 행동유

전학의 혁신이 진행되던 바로 그 시기에 대서양 건너 영국 케임브리지에서 또 다른 전설 시드니 브레너Sydney Brenner가 복잡성의 문제를 극복하고 '유전자-신경회로-행동'을 통합적으로 연구하기 위해 새로운 모델을 수립했다. 벤저와 마찬가지로 분자생물학 혁명기의 주연이면서 그와 비슷한 시기에 친숙한 분자생물학계를 떠난 브레너는 신경계가 어떻게 만들어지고 기능하는지를 이해하기 위해서 벤저의 초파리보다도 훨씬 더 작고 단순한 예쁜꼬마선충을 선택한다.

브레너가 2013년 한국을 방문했을 당시 필자는 브레너를 수행하면서 왜 많은 선충 중에서 예쁜꼬마선충을 모델로 골랐는지를 직접 물어볼 기회가 있었다. 그때 브레너는 "예쁜꼬마선충이 전자현미경으로 관찰하는 데 용이해서"라고 답했다. 그에게 '전자현미경'이 중요한 이유는 바로 그의 연구실에서 20년 가까이 진행된 '벌레의 마음'이라는 프로젝트 때문이었다.

행동을 조절하는 신경회로의 물리적 실체는 바로 커넥톰이라고 불리는 뉴런들의 물리적 연결 네트워크다. 브레너의 연구팀은 존 화이트John White를 중심으로 전자현미경으로 촬영한 벌레의 연속 단면 이미지를 분석해 모든 뉴런을 찾아내고 이들이 이루고 있는 시냅스를 규명하여 전체 커넥톰을 그려내고자 했다. 초파리보다 훨씬 단순한 302개의 뉴런을 지닌 예쁜꼬마선충이었기에 가능한 계획이었다. 하지만 지금으로부터 50여 년 전에 시작된 이 프로젝트는 화이트의 말을 빌리자면 "그때의 컴퓨터 하드웨어를 생각하면 우스꽝스러울 정도로 야심찬" 프로젝트였다.[7] 벌레의 마음 프로젝트는 강산이 두 번 변하고 나서야 결실을 거두어 1986년에 무려 340쪽짜리 논문으로 발표된다.[8]

한편에서 전자현미경을 이용하여 신경회로의 물리적 실체를 벗겨나가는 동안 브레너는 예쁜꼬마선충을 초파리처럼 유전학 모델로 탈바꿈시키기 위한 초석을 다진다.[9] 예쁜꼬마선충에서 돌연변이를 만들어내는 방법을 확립하고, 이렇게 만들어진 돌연변이를 이용해 새로운 유전자를 찾아내는 유전학 실험의 기틀을 닦은 것이다. 그리고 브레너는 그 과정에서 '*unc*'라고 불리는 다수의 행동 돌연변이를 발굴해낸다. 예쁜꼬마선충은 'C. 엘레강스*C.elegans*'라는 학명처럼 우아하게 사인 곡선 형태의 자취를 남기며 한천 배지 위를 기어 다니는데 돌연변이 유도 물질을 처리했을 때 움직임이 '망가진 돌연변이'들이 다수 확보된 것이다. 이후 예쁜꼬마선충에서 마련된 행동유전학적 기법을 통해 단순한 움직임뿐만 아니라 회피 반응과 산란 행동 등 여러 행동들에 대한 유전적 기반이 밝혀지게 된다.

행동유전학에 펼쳐진 빛의 향연

'벌레의 마음' 프로젝트로 확보된 3차원 커넥톰에는 뉴런 302개의 모양과 위치, 뉴런과 뉴런 사이의 시냅스에 대한 모든 정보가 담겨있었다. 여기서 특정한 행동의 신경회로를 찾아내기 위해서는 그 행동을 조절하는 뉴런을 찾아내야 했다. 이 과제를 수행하는 데 예쁜꼬마선충은 다른 동물 모델이 갖지 못한 '투명함'이라는 또 하나의 특별한 장점을 지니고 있었다.

마틴 챌피Martin Chalfie를 비롯한 브레너 연구팀은 예쁜꼬마선충이 투명하기 때문에 세포를 조준해서 레이저 빔으로 태워 죽일 수 있다는 사실에 주목했다. 발생 연구에서 그 효용이 검증된 이 기술은 곧바로 신경회로를 규명하는 데 적용됐다. 표적은 예쁜꼬마선충의 가장 단순한 행동 중 하나인 회피 반응이었다. 예쁜꼬마선충은 눈썹으로 머리나 꼬리를 툭툭 건드리면 회피하는 행동을 보이는데 챌피와 동료들은 예쁜꼬마선충의 뉴런을 레이저 빔으로 하나하나 제거하면서 회피 반응의 센서 역할을 하는 물리감각 뉴런을 찾아냈다.[10] 이후 '벌레의 마음' 프로젝트를 통해 물리감각 뉴런들이 어떤 뉴런들과 연결되어 있는지 드러나면서 신경회로까지 밝혀지게 된다.[11] 레이저라는 광학 기술이 커넥톰과 접목되어 특정 행동을 조절하는 신경회로를 '개별' 뉴런 수준으로 특정할 수 있는 길이 열린 것이다.

케임브리지를 떠나 컬럼비아대학교에서 자신의 연구실을 꾸린 챌피는 신경유전학에 또 다른 혁신을 부른 기술을 개발한다. 바로 해파리가 갖고 있던 녹색 형광 단백질green fluorescent protein, GFP을 예쁜꼬마선충의 뉴런에 발현시키는 데 성공한 것이다.[12] 챌피는 일찍이 브레너의 연구실에서 회피 반응에 결함이 생긴 다양한 돌연변이를 확보하여, 이로부터 '*mec*'이라는 이름('mechanosensory'의 약자)을 붙인 유전자들을 클로닝한 상태였다. 그런 챌피에게 우연히 갓 클로닝된 GFP가 전달되고, 챌피의 연구팀은 *mec-7*이라는 유전자 스위치에 GFP를 달아 발현시켜 *mec-7* 유전자가 발현된다고 알려진 물리감각 뉴런이 녹색으로 빛나는 것을 보여줬다.

물론 이전에도 항체나 젖당분해효소 등을 이용해 유전자 발현 위치를 파악할 수 있는 기법이 존재했다. 하지만 GFP는 이들과 달리 화학 처리 없이 살아있는 개체에서 유전자의 스위치가 켜지는 위치와 타이밍까지 파악할 수 있게 된 것이다. 이후 GFP는 유전자의 발현 패턴을 분석하는 보편적인 도구로 자리 잡게 되었고 이 공로로 챌피는 2008년에 노벨 화학상을 공동 수상하게 된다. (일화 3.필자가 챌피와 함께한 저녁 식사에서 그는 사람들이 자신의 주전공인 물리감각에 대해서는 아무도 궁금해하지 않고 GFP 이야기만 물어본다고 푸념 아닌 푸념을 했다.)

GFP의 재발견은 예쁜꼬마선충이라는 새로운 모델에서 마련된 커넥톰 및 유전학이라는 두 플랫폼과 엄청난 시너지를 내며 '개별 유전자-개별 뉴런-개별 신경회로-개별 행동'으로 이어지는 지극히 환원적이면서 동시에 종합적인 행동유전학의 패러다임이 자리 잡는 데 큰 기여를 하게 된다. 이 패러다임 속에서 행동유전학 연구는 통상적으로 다음과 같이 진행된다. (1) 행동에 이상이 생긴 돌연변이를 확보한다. (2) 유전자 지도 그리기와 클로닝 기술로 돌연변이가 발생한 유전자를 규명한다. (3) 해당 유전자의 스위치(프로모터)에 GFP를 달아 유전자의 발현 패턴을 확인한다. (4) 유전자가 특정 뉴런에서 발현된다면 커넥톰을 통해 해당 뉴런이 연결된 신경회로를 특정한다. (5) 유전자가 신경회로와 행동 조절에 어떤 역할을 하는지를 밝힌다. 말 그대로 '유전자에서 행동까지'라는 행동유전학의 목표를 실질적으로 구현하게 된 것이다.

6

본능은 진화한다

신경회로와 행동의 변화

인간을 포함한 동물들은 체계적이고 패턴화된 움직임인 행동을 통해 살아가는 데 필요한 여러 기능을 수행한다. 동시에 행동은 동물이 살아있는 동안, 정확히 말하면 '뇌'가 살아있는 동안에만 나타난다. 뇌사에 빠진 인간이 행동을 수행할 수 없는 이유는 행동이 신경계의 출력물이기 때문이다. 신경계는 상황을 판단하고 적절한 움직임을 지시하여 개체가 주어진 환경에 적응하고 생존할 수 있게끔 하는 컨트롤 타워 역할을 한다. 요컨대 행동은 살아있는 뇌가 살아남기 위해 하는 일이라고 할 수 있다.

직관적으로 이해되는 이러한 뇌(신경계)-행동의 관계에 비하면 유전자와 행동의 관계는 모호하다. 본능이라고 불리는 동물의 행동 프로그램은 세대를 건너 유전된다. 이는 각 종의 DNA 속에 본능에 대한 유전정보가 담겨있음을 암시한다. 하지만 DNA 복제에 근거한 유전과 신경계 활동에 근거한 행동 조절의 관련성은 불분명하다. 행동유전학은 이처럼 '유전되는 행동'이라는 자명하지만 난해한 현상을 분석하고 이해하려는 학문이라고 할 수 있다.

결론부터 말하자면 유전자는 직접 행동을 지시하지 않는다. 동물의 행동은 신경회로라는 신경계의 기능 단위가 산출하는 출력물이며 유전자의 역할은 이러한 신경회로의 형성과 작동을 조절하는 간접적인 역할을 맡고 있다. 말하자면 유전자는 행동을 통제하는 것이 아니라 신경회로를 통해 행동을 가능케 한다.

따라서 행동유전학의 목표, '유전자에서 행동까지'의 통합적인 이해를 위해서는 유전자와 행동을 매개하는 신경회로에 대한 이해가 필수적이다. 예쁜꼬마선충을 필두로 진행된 커넥톰 프로젝트는 신경계를 이루는 뉴런들과 그들의 물리적 연결을 규명하여 행동의 물질적 기반인 신경회로를 파악하기 위한 노력이라고 할 수 있다.

하지만 커넥톰이라는 신경계 지도를 확보하는 것만으로는 행동 조절 신경회로들을 밝혀내기 어렵다. 커넥톰엔 다양한 신경회로가 중첩되어 있고 어떤 뉴런은 복수의 신경회로에서 작동하기도 한다. 마치 게놈 프로젝트로 확보된 DNA 염기서열을 이해하기 위해선 유전자의 기능을 밝히는 주석 달기 작업이 필요한 것처럼 뉴런들의 물리적 네트워크가 어떻게 행동을 조절하는지 규명하기 위해선 '기능적 단위'인 신경회로를 규명해내야 한다.

일하는 뇌를 반짝거리게 하라

동물의 모든 행동은 신경회로의 '출력'이며 신경회로는 컴퓨터와 마찬가지로 전기 신호를 통해 작동한다. 특정한 행동이 일어날 때는 그 행동을 조절하는 신경회로 속 뉴런들이 켜지거나 꺼진다. 문제는 이러한 전기 신호가 눈에 보이지 않는다는 점이다.

칼슘 이미징은 뉴런 내 칼슘 이온 농도를 시각화하여 보이지 않던 신경회로의 활동을 개별 뉴런 수준에서 관찰할 수 있는 혁신을 일으켰다. 이전에도 전극을 이용해 뉴런에 흐르는 전기 신호를 직접 측정하는 전기생리학이나 활성화된 뇌 영역의 증가된 혈류량을 포착하는 기능적 자기공명영상fMRI 기법 등이 있었지만 신경회로의 활동을 측정하기 위해선 개체 내부로 전극을 삽입(침습적 방법)하거나 혈류를 이용해 뉴런들의 집단적인 활성을 간접적으로 측정(저해상도 문제)해야 하는 한계가 있었다.

칼슘은 뼈를 구성하는 원소이면서 뉴런의 전기 신호를 전달하는 과정에서도 중요한 역할을 한다. 예를 들어 칼슘은 시냅스에서의 신경전달물질 분비를 매개하여 한 뉴런에서 다른 뉴런으로 신호가 전달될 수 있게끔 한다. 활성화된 뉴런에서는 칼슘 농도가 증가하게 되는데 유전적으로 도입된 칼슘 센서genetically encoded calcium indicator, GECI를 이용하면 이러한 칼슘 농도의 변화를 형광 신호로 관찰할 수 있다.

GECI는 유전공학을 통해 칼슘과 결합하면 빛을 내거나 빛의 색깔을 바꾸도록 만들어진 단백질이다. '카멜레온'이나 'G-CaMP' 같은 GECI 유전자를 신경계 전체나 일부에서 켜지는 유전자 스위치(프로모터promoter)에 달아 발현시키게 되면 칼슘 농도 변화에 반응하는 형광 신호를 통해 살아있는 개체에서 신경계와 뉴런의 활동을 관찰할 수 있다. 신경계를 이루는 많은 뉴런 중 어떤 뉴런들이 특정 행동의 신경회로를 구성하는지 뉴런들의 '반짝거림'을 통해 파악할 수 있게 된 것이다.

한편 형광 신호를 관찰하는 현미경 기술과 이미지 분석 기술의 발전은 칼슘 이미징과 큰 시너지를 내면서 행동 연구에 크게 기여하고 있다. 생물 형광 이미징에 널리 활용되는 일반적인 공초점 현미경은 고화질의 형광 이미지를 얻을 수 있지만, 이미징에 오랜 시간이 걸린다. 하지만 스피닝디스크 공초점 현미경이 개발되면서 고품질 형광 이미징을 빠른 속도로 할 수 있는 길이 열렸다. 이런 스피닝디스크 공초점 현미경 기술로 살아 움직이는 예쁜꼬마선충에서 칼슘 이미징을 수행하여 모든 뉴런의 활동을 실시간으로 관측하고, 이로부터 신경회로의 활동만으로 행동 패턴을 예측할 수 있다는 연구 결과가 발표되기도 했다.[1] 온몸이 투명해 뉴런의 형광 신호 관찰이 용이한 예쁜꼬마선충과 달리 초파리나 마우스 같은 동물 모델에서는 불투명한 피부 아래 위치한 뇌 속의 형광 신호를 감지해야 하는데 연구자들은 양자광학의 원리를 응용한 다광자 현미경을 통해 불투명한 피부 너머의 신경 활동을 포착해내고 있다.[2]

빛 리모콘으로 행동을 조정하다

광유전학은 칼슘 이미징과 더불어 '빛'을 통해 행동 조절 신경회로를 규명하는 핵심 기법이다. 칼슘 이미징이 신경회로의 활동을 '관찰'하는 기법이라면 광유전학은 한발 더 나아가 신경회로를 직접 '조종'하여 특정 신경회로와 행동의 연관성을 검증하는 데 사용된다.

A라는 신경회로가 B라는 행동을 조절하는지 어떻게 입증할 수 있을까? 가장 직접적인 방법은 신경회로 A를 인위적으로 켜거나 끌 때 실제로 행동 B가 발현되거나 억제되는지를 확인하는 것일 테다. 문제는 어떻게 뇌 속에 엉켜 있는 수많은 뉴런 중 신경회로 A의 뉴런만 선택적으로 켜고 끌 수 있냐는 것이다.

광유전학은 이러한 기술적 난제를 그 이름과 같이 '빛'과 '유전학'의 절묘한 조합을 통해 넘어섰다. 2002년 독일 막스플랑크연구소의 게오르크 나겔Georg Nagel 연구팀은 빛을 쬐면 빛을 향해 나아가는 클라미도모나스*Chlamydomonas*라는 작고 둥근 단세포 녹조류에서 채널로돕신이라는 중요한 단백질을 발견했다.[3] 채널로돕신은 클라미도모나스에서 빛을 감지해 주광성 행동을 일으키는 전류를 만들어낸다.

3년 뒤 미국 스탠퍼드대학교 칼 다이서로스Karl Deisseroth 연구팀은 채널로돕신을 이용해 포유류 뉴런의 전기적 활성을 조종한 연구 결과를 발표한다.[4] 이 연구는 녹조류의 채널로돕신 단백질을 '수신기'로, 빛을 '리모콘'으로 이용하여 신경회로를 정밀하게 조종할 수 있다는 사실을 최초로 입증했다. 같은 해엔 채널로돕신을 발견한 나겔이 포함된 연구팀이 배양 접시에서 키운 뉴런이 아닌 예쁜꼬마선충 '개체'의 행동을 빛과 채널로돕신으로 조종한 논문도 발표된다.[5]

우리는 배가 고프면 음식을 찾아 먹는데 이러한 섭식 행동이 적절히 수행되기 위해서는 이를 조절하는 신경회로가 뇌 속에 설치되어 있어야 한다. 만약 이 회로가 오작동하면 배가 고파도 먹는 것을 거부하는 거식증이나 배가 부른데도 섭식을 멈추지 않는 폭식증이 나타날 수 있다. 광유전학은 마우스에서 이러한 신경회로의 존재를 입증해냈다. 섭식 행동 신경회로에 채널로돕신을 발현시켜 마치 리모콘으로 드론을 조종하듯 빛으로 마우스가 금식이나 폭식을 하도록 만들 수 있음을 보여준 것이다.[6]

요약하자면 광유전학적 기법은 (1) 채널로돕신 등의 특

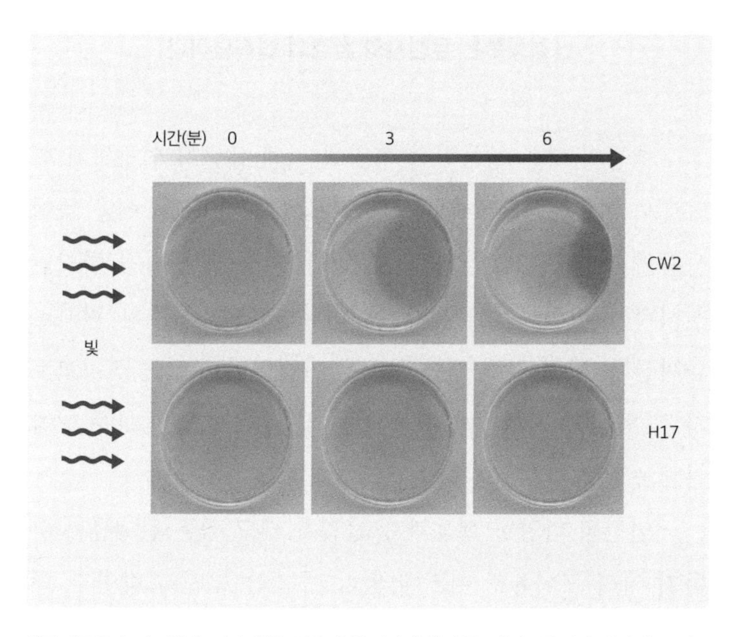

클라미도모나스는 빛에 따라 행동 반응이 일어나지만(위쪽) 채널로돕신이 망가졌을 때는 (아래쪽) 그런 반응이 사라진다.

별한 광센서 유전자에 적절한 스위치(프로모터)를 달아 조종하고자 하는 신경회로에 발현시키고 (2) 이렇게 발현된 광센서에 특정 파장의 빛을 쬐면 뉴런의 전기적 활성을 바꿔 행동에 변화를 일으킬 수 있다. 에어컨 리모컨이 TV나 다른 가전제품은 그대로 두고 오직 알맞은 수신기를 가진 에어컨의 전원만 켜고 끌 수 있는 것처럼 광유전학은 유전학적 기법을 통해 빛으로 복잡한 신경계와 행동을 정밀하게 조종할 수 있는 길을 열었다.

신경회로는 유전자와 환경의 접속면이다

행동이 다른 생물학적 형질에 비해 유난히 연구하기 까다로운 이유는 바로 행동의 '변화무쌍함'에 있다. 예를 들어 사람의 키, 피부색, 혈당 수치, 심박 수 등도 변하긴 하지만 시시각각 변하는 행동 패턴에 비하면 매우 사소한 변화로 느껴진다. 달리 말해 행동은 매우 가변적인데 이는 신경회로가 몸 안팎의 환경에서 제공되는 '입력'의 변화에 아주 민감하게 반응하기 때문이다.

인간의 다양한 행동과 유전자가 맺고 있는 관계를 상상하기 어려운 이유도 여기에 있다. 우리는 낮인지 밤인지, 어디에 누구와 함께 있는지에 따라 전혀 다른 행동을 한다. 그뿐만이 아니다. 어떤 문화권에서 성장했는지, 어떤 교육을 받았는지에 따라 같은 상황에서 전혀 다른 행동을 보이기도 한다. 요컨대 우리 행동의 대부분은 '환경'에 의해 형성되고 나타나는 것처럼 보인다. 인간보다 훨씬 단순한 신경계를 지닌 동물들의 '본능' 발현에도 환경은 결정적인 역할을 한다. 예쁜꼬마선충이나 초파리는 짝짓기의 상대가 있을 때 구애 행동을 하고 냄새를 맡고서 먹음직스러운 먹이를 찾아간다.

환경에 따라 행동 패턴이 달라지는 동물의 보편적인 특성이 나타나는 이유는 신경회로들이 외부나 내부의 자극에 따라 켜지거나 꺼지기 때문이다. 그리고 유전자는 환경에 반응할 수 있는 능력을 지닌 신경회로를 만들고 작동시킨다. 따라서 신경회로는 행동을 조절하는 두 가지 핵심 요소, 유전자와 환경이 만나는 접속면이기도 하다. 유전과 환경은 행동을 설명하는 배타적인 요소가 아니다. 행동을 유전자나 환경 어느 한쪽이 결정한다는 이분법은 마치 음식을 레시피 혹은 요리사가 단독으로 만들었다고 주장하는 것과 다름없으며 음식(행동)은 레시피(유전체)가 요리사(환경)를 통해 실현된 것으로 봐야 한다. 예컨대 '냄새'라는 환경 요인에 따라 먹이를 찾아가는 주화성 행동이 실행되려면 냄새라는 자극을 인지하고 개체의 움직임을 통제하여 냄새가 나는 곳으로 나아가게 하는 신경회로가 유전자의 활동을 통해 만들어지고 작동해야 한다.

유전학자들의 노력은 이 과정을 조절하는 많은 유전자를 찾아내는 데 집중되었다. 발생 과정에서 뉴런을 만들어내는 유전자들, 뉴런이 각자의 세부 역할을 수행할 수 있게끔 하는 유전자들, 뉴런이 자신이 있어야 할 위치를 찾아가도록 안내하는 유전자들과 실제로 뉴런을 이동시키는 유전자들, 뉴런들이 자신의 짝을 정확히 찾아 시냅스를 이루어 물리적인 회로를 형성하게끔 하는 유전자들이 발견되었다.

이러한 유전자들에 문제가 생기면 신경회로가 제대로 만들어지지 않거나 정상적으로 작동하지 않아 환경 변화에 민감하게 반응할 수 없게 된다. 다시 주화성 행동의 예를 들자면, 냄새라는 외부 신호를 인지하기 위해서는 후각 뉴런에 냄새 분자를 감지할 수 있는 화학수용기 유전자가 발현되어야 한다. 만약 화학수용기 유전자를 제거하게 되면 감각 뉴런은 똑같은 냄새에 반응하지 않게 되고 냄새가 있는 곳으로 나아가게 하는 신경회로의 다른 부분들도 작동하지 않게 된다.

본능의 진화

행동유전학 혁명은 행동 프로그램의 진화에 대한 통찰과 방법론 또한 제공하고 있다. 해파리, 지렁이, 꿀벌, 상어, 독수리가 전혀 다른 본능을 나타내는 것은 진화가 각 종의 DNA 속에 전혀 다른 조합의 본능을 심어 놓았기 때문이다. 진화론의 아버지 찰스 다윈에게 "꿀벌이 방을 만드는 것과 같은 놀라운 본능은 많은 독자에게 나의 이론 전체를 전복시킬 정도"로 난해한 문제였지만, 본능에 대한 분자적 이해 덕분에 우리는 본능의 진화를 묘사할 수 있는 '언어'를 갖추게 되었다. 예를 들어 꿀벌은 벌집을 만들 수 있지만 파리는 그렇지 못한 이유는 바로 꿀벌에게만 벌집을 만드는 행동을 가능케 하는 신경회로가 있으며 꿀벌의 DNA에 그런 회로를 만들고 작동시키는 유전정보가 들어있기 때문이라고 설명할 수 있게 된 것이다. 거꾸로 말하면 신경회로의 설계도가 들어있는 DNA에 변이가 생기면 행동이 달라질 수 있다. 사실 동물의 모든 본능이 이러한 '변이의 누적'으로 탄생한 것이다.

갈라파고스섬의 핀치새들이 먹이에 따라 다양한 부리 형태를 지니고 있는 것처럼 자연선택에 의해 누적된 변이로 형성된 종 특이적인 행동은 각 종이 살아가는 서식 환경에 적응하는 데 중요한 역할을 한다. 행동유전학의 대표 동물 모델인 노랑초파리*Drosophila melanogaster*와 그 친척 종들은 신경회로와 적응 행동이 어떻게 진화하는지를 분자 수준에서 규명할 수 있는 핵심 모델로도 연구가 활발히 확장되고 있다. 세계 각지에서 발견되며 각종 썩은 과일 등에서 살아가는 제너럴리스트인 노랑초파리와 달리 가까운 친척인 세이셸초파리*D. sechellia*는 인도양의 세이셸 군도에서만 발견되며 노니라는 특정한 과일에서 살아가는 스페셜리스트로 알려져 있다. 그런데 노니는 독성이 매우 강한 과일이어서 노랑초파리는 서식할 수 없고 노니에서 나오는 유독한 유기산 등을 피하는 회피 행동을 보인다. 반면 노니에서 서식하는 셰이셸초파리는 노니를 향해 날아가는 주화성 행동을 한다.

어떻게 노니에서 나는 똑같은 냄새에 대해 노랑초파리와 셰이셸초파리가 정반대의 행동 반응을 하게 된 것일까. 필자가 박사 후 연구를 수행한 스위스 로잔대학교 리처드

벤턴Richard Benton 연구팀은 세이셸초파리가 다른 친척 종들과 달리 노니에 이끌리는 이유를 밝혀냈다.[7·8] 세이셸초파리에서 화학수용기 유전자가 진화해 노니 냄새를 민감하게 감지하는 화학수용기 단백질들이 장착되어 있음을 발견한 것이다. 아울러 연구팀은 노니 냄새를 감지하는 안테나 후각 뉴런의 숫자 또한 크게 증가했음을 확인했다. DNA의 변이와 자연선택이 신경회로의 구조와 기능을 변화시켜 특별한 서식처에 적응하는 행동을 진화시킬 수 있음을 분자 수준에서 보여준 것이다.

한편 초파리와 같은 무척추동물뿐만 아니라 인간과 가까운 포유동물에서도 본능이 진화하는 유전적 기작이 규명되고 있다. 사슴쥐속*Peromyscus*에 속하는 올드필드쥐*P. polionotus*와 흰발생쥐*P. maniculatus* 중에서 올드필드쥐는 일처일부제를 따르는 반면 흰발생쥐는 난잡한 짝짓기를 한다. 따라서 올드필드쥐의 새끼는 아버지가 누구인지 분명하지만 흰발생쥐의 경우 친부가 누구인지 불분명하다. 흥미롭게도 올드필드쥐는 암수가 비슷하게 양육에 기여하지만 흰발생쥐의 수컷은 암컷에 비해 양육에 참여하는 정도가 현저히 낮다. 아마도 생식 행동 패턴(일부일처와 다부다처)의 차이가 돌봄 행동의 차이로 이어진 것이라고 추정해볼 수 있다.

미국 하버드대학교의 호피 혹스트라Hopi Hoekstra 연구팀은 '왜' 두 종이 행동 차이를 보이는가에 대한 진화적 가설을 제안하는 데 그치지 않고 '어떻게' 본능의 차이가 나타나는가를 밝혀내기 위해 두 종이 교배 가능하다는 사실에 착안해 잡종의 유전자형과 돌봄 행동을 분석했다.[9] 잡종 교배로 태어난 자손들은 두 종의 DNA가 뒤섞인 염색체를 지니게 되는데 연구팀은 염색체가 뒤섞인 패턴과 돌봄 행동의 차이를 비교 분석하여 두 종의 차이와 유관한 염색체 부위들을 찾아냈다. 그리고 염색체 대부분에서 DNA가 누구의 것이냐에 따라 돌봄 행동의 차이가 나타나지 않았지만 몇몇 부위가 올드필드쥐의 DNA일 때 수컷의 돌봄 행동 전반 혹은 특정 행동이 흰발생쥐의 DNA일 때보다 더 많이 나타난다는 사실을 확인했다.

혹스트라 연구팀은 '어떤' 유전자의 차이가 종 특이적인 돌봄 행동 패턴의 차이를 만들어내는지 추적했다. 그리고 올드필드쥐와 흰발생쥐 수컷의 뇌에서 발현되는 유전자를 분석하여 '바소프레신'이라는 호르몬을 만드는 유전자의 발현량이 보금자리 만들기 행동과 뚜렷한 음의 상관관계가 있음을 밝혀냈다. 보금자리 만들기에 적극 동참하는 수컷 올드필드쥐의 시상하부에서 발현되는 바소프레신의 양이 흰발생쥐 수컷보다 낮다는 사실을 확인한 것이다. 그리고 약물 실험을 통해 수컷 올드필드쥐에 바소프레신을 주입하자 실제로 보금자리 만들기 행동이 감소함을 보였다.

바소프레신은 짝짓기 대상과의 유대 형성에 중요한 작

용을 한다고 잘 알려져 있었으며 일부일처의 진화에도 핵심적인 역할을 담당했을 것으로 추정되어 왔다. 혹스트라 연구팀의 연구 결과는 바소프레신이 수컷과 암컷의 유대 관계뿐 아니라 DNA 변이로 인한 호르몬 발현 차이가 서로 다른 종에서 돌봄 행동의 차이를 일으킬 수 있음을 보였다.

행동유전학은 우생학인가

지난 세기에 진행된 '행동유전학 혁명'은 인간을 포함한 동물의 복잡한 행동 역시 유전자에 의해 조절된다는 새로운 인식을 가져다주었다. 유전학자들이 펼친 본능에 대한 탐험은 어떤 유전자가 행동에 관여하는지, 각 유전자는 어떤 신경회로에서 무슨 역할을 하는지, 신경회로는 어떻게 행동을 조절하는지를 규명할 수 있는 행동유전학 패러다임을 구축했으며 건실한 패러다임 속에서 '본능의 유전학'은 여전히 성장과 혁신을 이어가고 있다.

유전자와 신경회로의 활동을 분석하고 조작할 수 있는 기술들로 무장하고 행동의 유전적 기반을 규명해나가고 있는 행동유전학자들의 야심은 언뜻 들으면 행동이 유전자에 의해 결정된다는 유전자 결정론처럼 들릴 수 있다. 이를 인간의 행동에 적용하면 우생학으로 흐르거나 악행을 정당화할 위험이 있는 것으로도 받아들여질 수 있다.

하지만 행동유전학은 DNA가 행동을 결정한다고 주장하는 것과는 거리가 멀다. 앞서 설명했듯 행동유전학은 유전자가 직접 특정 행동을 지시한다고 주장하지도 않고 개인들이 나타내는 행동 패턴의 차이를 유전자의 차이로 무조건 환원하지도 않는다. 예컨대 행동유전학자들이 여전히 초파리의 행동과 신경회로를 연구하는 이유는 초파리에 대한 인간의 우월함을 입증하기 위해서가 아니라 환경에 따라 유연하게 나타나는 인간 행동의 심오한 조절 기작을 '이해'하기 위해서이다.

그러나 행동유전학에 대한 윤리적 문제 제기를 근거 없는 비판으로 치부할 수만은 없다. DNA의 차이가 행동의 차이로 이어질 수 있다는 것은 행동유전학이 입증하는 분명한 사실이며 행동의 유전적 '차이'를 '차별'로 악용할 가능성은 분명히 존재하기 때문이다. 우리는 서로 다른 DNA와 본능을 지닌 동물들의 행실을 윤리적으로 판단하진 않지만 인간의 행동은 법이나 도덕 등의 보편적인 기준으로 판단을 내린다. 이때 인간은 자유의지를 지닌 존재로 상정되며 개개인의 유전적 차이는 고려 대상에서 가급적 배제되어 왔다.

올림픽에서 많은 종목이 체급을 나누어 경기를 진행하는 이유는 명백한 신체적 차이를 보이는 개인들을 똑같이 평가 혹은 대결시키는 것이 공평하지도 적절하지도 않기 때문이다. 하지만 신체적 차이가 큰 영향을 미치지만 체급을 특별히 구분하지 않는 종목도 있다. 즉, 올림픽에서 어떤 차이는 구별의 대상이 되고 어떤 차이는 불공평하지만 어쩔 수 없는 극복의 대상이 된다. DNA의 차이가 신경계와 행동의 차이를 일으킬 수 있다는 무수히 많은 증거를 우리는 어떻게 받아들여야 할까. 행동의 유전적 차이는 올림픽에서 체급의 차이처럼 인간의 결정에 따라 무시의 대상이 될 수도, 극복의 대상이 될 수도, 배려의 대상이 될 수도, 차별의 대상이 될 수도 있다. 행동의 유전적 기반을 드러내고 있는 행동유전학은 선과 악을 구분하고 죄를 벌하며 끊임없이 자기 자신과 타자를 평가하는 우리에게 큰 숙제를 던지고 있다.

인간의 마음과 마음이 일으키는 행동이 자연선택의 산물이라는 진화심리학은 과학인가?

모든 생물은 진화를 통해 출현했다. 당연히 그러한 생물을 이루는 기관과 생물이 나타내는 특성 또한 진화의 산물이다. 인간의 '마음'이라고 예외일 수 없다. 생물에 대한 보편적 이론으로서 진화론은 태생부터 마음에 대한 진화 이론, 즉 '진화심리학'의 가능성을 품고 있었다. 다윈은 《종의 기원》에서 "나는 먼 미래에 더욱 중요한 연구 분야가 열릴 것이라고 전망한다. 심리학은 정신적 능력과 역량은 점진적으로 획득된(진화한) 것이라는 새로운 토대 위에 세워질 것이다"라고 예언하기도 했다.

인간의 마음은 복잡미묘하다. 그리고 그 복잡미묘한 마음 때문에 희한한 행동을 하기도 한다. 진화심리학은 우리 마음이 왜 이렇게 형성되었는지를 '역사적'인 관점에서 설명하는 학문이라고 할 수 있다. 많은 진화심리학 연구는 수렵채집 시대에 진화한 인간의 마음이 현대 문명 사회에서 어

진화심리학의 태동을 알린 책 《적응된 마음》과 공저자인 존 투비(왼쪽), 레다 코스미데스(오른쪽). ©university of california, santa barbara

떻게 오작동하는지를 연구한다. 이를 빗댄 유명한 표현이 "현대인의 두개골 안에는 석기시대의 마음이 들어있다"이다.

하지만 인간의 마음과 행동에 대해 새로운 관점을 제공한 진화심리학은 여러 분야의 학자로부터 많은 비판을 받았으며 유사과학이라는 공격까지 받았다. 특히 진화심리학의 '적응주의'적 관점이 주요한 비판점이다. 진화심리학자는 우리가 이런 마음을 갖게 된 것은 우리 조상 중 특정 마음을 가진 개체가 주어진 환경에 더 잘 '적응'했기 때문이라고 가정한다. 이러한 관점은 모든 것을 적응으로 바라보는 것이 비약이라는 비판과 그것이 무엇에 대한 적응인지에 대한 가설을 어떤 증거와 방법론으로 입증할 것이냐는 비판에 봉착한다.

사실 필자가 진화심리학에 대해 가진 견해는 일반적으로 제기되는 비판과는 다소 결이 다르다. 현대적 종합을 통해 구축된 진화생물학의 패러다임 속에서 진화는 '유전변이'라는 핵심 요소를 통해 이해된다. 형태, 기능,

행동의 진화를 알려면 이것들의 차이를 일으키는 유전변이를 파악해야 한다. 자연선택을 통한 적응 형질의 누적은 유전변이의 누적을 통해서 이뤄진다. 그리고 그 과정은 온갖 진화적 제약에 의해 제한된다.

마음의 진화 또한 마찬가지다. 수렵채집 시대에 유리한 심리 상태와 행동이 출현하려면 신경계의 발생과 기능을 변경하는 변이들이 생성되고 이것이 선택되어야 한다. 마음의 진화는 궁극적으로 인간 계통에 주어진 진화적 제약 속에서 마음을 만들어내고 작동시키는 유전자들의 진화를 통해 이루어진다. 이 과정을 이론적 차원이 아니라 구체적인 유전자들을 대상으로 밝힐 수 있어야 마음이 어떻게 진화했는지 그 실체가 드러날 수 있다. 부모가 자식에게 물려주는 것은 인간의 마음이 아니라 인간의 마음을 빚어내는 유전자 조절 네트워크다.

결론적으로 다윈이 말한 '먼 미래'는 아직 도래하지 않았다는 것이 필자의 견해이다. 진화심리학이 곤혹스러운 일을 겪는 것은 '진화' 때문이 아니라 아직 '마음'이 무엇인지를 과학적으로 설명하는 데 한계가 있기 때문이다. 마음의 진화적 토대를 세우기 위해서는 먼저 마음의 유전적 토대를 세워야 한다. 그날이 오면 현대적 종합의 빛 안에서 마음이 어떻게 진화해왔는지에 대한 더 자명한 지식을 얻을 수 있을 것이다.

7

인간은 왜 인간이고 초파리는 왜 초파리인가

발생의 유전학과 레시피 박스

영국의 신학자이자 철학자였던 윌리엄 페일리William Paley는 《자연신학Natural Theology》에서 시계공의 비유를 들어 생명체를 창조한 지적 설계자의 존재를 증명하고자 했다. 시간을 측정하는 목적에 맞게 복잡한 기계를 설계하고 조립한 시계공을 상정하듯이 시계보다 더 복잡한 구조와 기능을 지닌 생명체 또한 이를 설계하고 제작한 지적 존재가 있어야 한다는 추론이다.

생명체는 저절로 진화한 것이 아니라 지적인 디자이너에 의해 설계되었다는 이 주장은 언뜻 설득력 있게 들리지만 사실 시계와 생명체 사이에는 아주 큰 차이가 있다. 시계와 달리 생명체는 '스스로' 복잡한 구조를 만들어낼 수 있다. 시계 부품을 땅에 심는다고 시계가 자라나거나 시계가 작은 시계를 낳는 일은 일어나지 않지만 하나의 세포인 수정란이 어떤 지적인 존재의 도움 없이 무수히 다양한 모습으로 변모하는 일은 지구 위에서 끊임없이 펼쳐지고 있다.

가만히 생각해보면 신기한 일이다. 어떻게 작은 도토리에서 나무가 자라나고 조그마한 메추리알에서 하늘을 날아

다니는 새가 태어나는 것일까. 우리 자신도 마찬가지다. 미세한 난자와 정자가 융합해서 만들어진 수정란이 자궁 속에서 40주를 보내면 온갖 장기를 갖추고 인간의 꼴로 세상 밖으로 나온다. '생명의 신비' 하면 우리가 떠올리는 것도 바로 수정란이 스스로 복잡한 생명체로 변모해나가는 경이로운 과정이다.

어떤 면에서 우리 자신은 생명 진화의 증거라고 할 수 있다. 생명 진화의 역사를 세포 다양성의 진화와 진화한 세포들이 맺는 '관계', 즉 '세포 공동체'의 진화라고 한다면 우리 몸이 만들어지는 발생 과정에서 그 역사가 고스란히 재현되기 때문이다. 마치 최초의 원시 세포에서 수없이 다양하고 복잡한 생물들이 진화한 것처럼 수정란이라는 하나의 세포가 분열하고 분화하여 다양한 형태와 기능의 세포들이 만들어지고 이 세포들로 정밀하게 조직된 여러 기관이 개체라는 생명 시스템을 구성한다.

발생의 패러독스

유전학의 뿌리는 기본적으로 '닮음'을 이해하는 것이다. 어떻게 생명 정보가 대代를 건너 전달되고 생명 현상이 매 세대에서 재현될 수 있는지 규명하는 게 유전학의 과업이기 때문이다. 유전학자들에게 DNA가 금은보화와 같은 존재인 이유도 여기에 있다. DNA의 복제와 전달을 통해 유전의 원리가 물질적으로 명쾌하게 설명되기 때문이다.

반면 발생학의 초점은 '닮음'이 아닌 '다름'에 있다. 유전학의 핵심 발견은 DNA가 '다르면' 형태와 기능이 달라질 수 있다는 것인데 발생 현상의 핵심은 수정란에서 유래한 '똑같은' DNA를 지닌 수많은 세포의 형태와 기능이 달라진다는 것이다. 그렇기에 유전학자들에게 발생은 난해할 뿐더러 곤란하기까지 한 문제라고 할 수 있다. 유전학의 핵심 개념인 유전자형과 표현형의 관점에서 보자면 우리 몸을 이루는 다양한 세포들은 같은 유전자형(DNA)을 가지고 있지만 전혀 다른 표현형(형태와 기능)을 나타낸다. 예를 들어 한 사람의 몸에서 피부를 이루는 세포들과 뇌를 이루는 세포들은 같은 DNA를 지니고 있지만 모양과 기능이 전혀 다르다.

발생유전학의 핵심 과제, '같은 DNA, 다른 표현형'이라는 패러독스를 풀기 위해서는 DNA에 들어있는 유전정보가 생명 현상, 즉 표현형으로 발현되는 과정에 대한 이해가 필요하다. 20세기 중반 진행된 분자생물학 혁명을 통해 우리는 모든 세포 안에서 일어나는 보편적인 사건을 파악하게 되었다. 분자생물학의 중심원리central dogma에 따르면[1] 생명 정보는 DNA의 복제를 통해 유전될 뿐만 아니라 전사와 번역이라는 과정을 통해 RNA와 단백질이라는 '물질'이 되어 세포 · 조직 · 기관의 구조를 이루고 기능을 수행한다. 달리 말해 DNA 속에 들어있는 유전자는 유전자 발현이라는 과정을 거쳐야만 '생명'을 얻을 수 있다.

박테리아부터 인간에 이르기까지 DNA 속에는 적게는 수백 개에서 많게는 수만 개의 '단백질 암호화 유전자'가 들어있다. 생명 유지에 필수불가결한 다양한 단백질이 만들어지려면 전사를 통해 DNA의 단백질 레시피가 전령 RNAmessenger RNA, mRNA로 복사돼야 하고 mRNA에 담긴 설계도가 리보솜이라는 합성 공장에서 번역되어 단백질을 이루는 아미노산들이 조립되어야 한다.

전사에서 번역에 이르기까지 세포 내에서 유전자의 발현 과정은 정밀하게 조절된다. 아무리 똑같은 단백질 암호화 유전자를 지니고 있다 할지라도 특정 세포에서 유전자 발현이 억제되면 그 세포에서는 단백질이 만들어지지 않는다. 반대로 유전자 발현이 촉진되면 같은 유전자를 지닌 다른 세포들보다 훨씬 많은 양의 단백질을 만들어낼 수도 있다.

'젖당 오페론'은 이와 같은 유전자 발현 조절의 구체적인 기작이 밝혀진 최초의 사례 중 하나이다.[2] 대장균에서는 젖당이 있을 때만 젖당 대사에 필요한 효소 단백질들이 만들어지는 효율성을 보인다. 그 비결은 바로 전사 조절에 있다. 젖당이 없을 때는 억제인자가 DNA에 결합하여 이 유전자들의 전사를 막는다. 그러다 젖당이 많아지면 젖당이 억제인자에 결합해 구조를 변형시키고 그 결과 억제인자가 DNA에서 떨어져 나와 전사가 진행된다. 젖당 오페론 연구는 유전자가 항상 발현되는 것이 아니라 '스위치'가 달려있어서 켜지거나 꺼질 수 있으며 그 스위치가 매우 정밀하게 조절되고 있음을 밝혀냈다.

젖당 오페론에서 발견된 유전자의 발현 조절 현상은 분자생물학의 중심원리가 내포하는 보편적인 특성이다. 정보가 물질이 되어 생명 현상을 산출하는 모든 단계는 정교한 조절을 받고 있으며 입력값에 따라 전혀 다른 출력값이 나올 수 있는 역동적인 과정이다. 젖당 오페론을 통해 유전자 발현 조절의 분자적 기작을 규명한 자크 모노Jacque L. Monod와 프랑수아 자코브François Jacob는 그 공로로 1965년 노벨 생리의학상을 공동 수상했다.

유전자(혹은 유전자 그룹)는 프로모터라고 불리는 스위치와 연결되어 있으며 전사인자라고 불리는 조절 단백질들이 프로모터에 결합하여 전사를 촉진하거나 억제하며 유전자 발현의 여부와 강도를 조절한다. 프로모터 스위치를 통한 전사 조절 외에도 유전자 발현을 조절하는 다양한 기작들이 존재한다. 세포 속에서 DNA는 히스톤이라는 단백질에 실처럼 감겨 염색질을 이루고 있는데 염색질 구조가 느슨할수록 전사인자가 유전자에 더 잘 접근할 수 있다. 전사가 된 mRNA들이 성공적으로 번역되기 전에 거치는 일련의 가공 과정, 리보솜에서 단백질이 만들어지는 과정 또한 조절이 되며 이미 만들어진 mRNA와 단백질들을 제거하는 방식으로 유전자 발현 정도가 조절되기도 한다.

다양하고 정교한 유전자 발현 조절 기작의 발견은 발생에서 관찰되는 '같은 DNA, 다른 표현형'이라는 패러독스를 해소할 수 있는 이론적 틀을 제공해주었다. 아무리 세포가 지닌 DNA가 같더라도 DNA에서 흘러나오는 정보, 즉 발현되는 유전정보의 차이에 따라 전혀 다른 세포가 될 수 있다. 발생 과정이 세포들의 유전자 차등 발현을 통해 이뤄진다는 설명이 가능해진 것이다.

초파리를 만드는 방법

모든 다세포 생물의 발생은 수정란에서 시작된다. 하나의 세포가 둘이 되고, 둘이 넷이 된다. 세포 분열이 거듭되면서 수백, 수만, 수억 개의 세포가 만들어지고 대부분의 세포들이 각자의 운명에 따라 세포 분화의 과정을 거치며 특정한 구조와 기능을 갖춘 전문 세포들로 거듭난다('줄기세포'라는 일부의 세포들은 완전히 분화하지 않고 분열과 분화의 잠재력을 유지하며 새로운 세포들을 지속적으로 공급한다).

세포 분화를 통해 생성되는 세포의 다양성은 세포들이

지니고 있는 동일한 DNA가 아니라 각각의 세포에서 발현되는 유전자의 차이에서 나온다. 문제는 '무엇'이 이러한 유전자 발현의 차이를 만들어내느냐는 것이다. 왜 같은 수정란이 분열해서 만들어진 세포들에서 서로 다른 유전자들이 켜지고 꺼지는 것일까? 달리 말해 발생 과정의 핵심인 유전자 차등 발현의 '원인'은 무엇일까?

유전학의 핵심 모델 생명체인 초파리에 대한 연구는 유전과 발생 사이의 미스터리를 푸는 데에 결정적인 기여를 했다. 초파리는 열흘 남짓한 짧은 기간 동안 알에서 성체로 발생할 수 있을 뿐만 아니라 많은 자손을 낳기 때문에 돌연변이 실험을 진행하기에도 용이하다. 인위적으로 DNA에 무작위적인 돌연변이를 유도한 다음 수천, 수만 마리의 초파리에서 발생 과정에 문제가 생긴 돌연변이체를 찾아내고 유전자 클로닝을 통해 원인 유전자를 규명하는 실험을 비교적 손쉽게 진행할 수 있다.

길쭉한 타원형의 알과 그 속에 들어있는 DNA로부터 다양한 기관을 갖춘 초파리가 어떻게 만들어지는지를 이해하려는 선구적인 연구들은 발생유전학의 기틀을 다지게 된다. 절지동물인 초파리는 총 14개의 체절體節로 이루어져 있다. 머리, 가슴, 배로 이뤄진 성체에서 각각 3개, 3개, 8개의 체절을 구분할 수 있으며 체절에 따라 더듬이, 다리, 날개 등의 서로 다른 기관이 만들어진다. 그리고 이러한 체절 구조

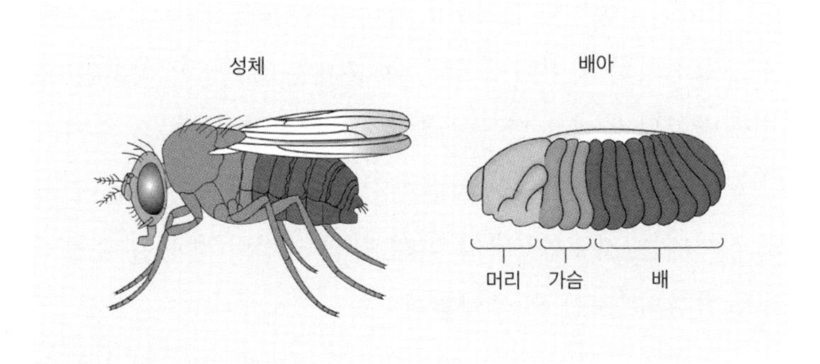

초파리의 체절

초파리는 머리 3개, 가슴 3개, 배 8개의 체절로 구분할 수 있다. 어떻게 각각의 체절에서 다양한 기관들이 정확하게 발생할 수 있을까?

는 초파리가 알에서 부화하기도 전에 배아 발생 단계에서 형성된다.

초파리가 스스로를 만드는 방법의 핵심은 머리와 꼬리, 등과 배를 구분하고 14개의 체절을 구분한 후 적절한 좌표에 적절한 조직과 기관이 생겨나도록 하는 것이라고 할 수 있다. 1970년대 후반, 크리스티아네 뉘슬라인-폴하르트Christiane Nüsslein-Volhard와 에리크 비샤우스Eric F. Wieschaus는 독일 하이델베르크에 위치한 유럽분자생물학연구소European Molecular Biology Laboratory, EMBL에서 초파리의 배아에서 체절을 만들어내는 유전자들이 존재할 것이라는 가설을 세우고 돌연변이 실험을 시작했다. 초파리 배아에서 구획을 나누고 각 구획의 운명을 지정하는 데 관여하는 유전자가 있다면 그 유전자가 망가진 돌연변이의 배아에서는 발생 장애가 관찰될 것이라고 예상했고 그 예상은 적중했다.

두 사람은 체절 형성에 관여하는 15개의 체절 유전자를 찾아냈고, 이 유전자들이 망가진 돌연변이의 표현형으로부터 간극 유전자, 쌍지배 유전자, 그리고 체절극성 유전자 세 그룹으로 분류해냈다.[3] 머리끝부터 꼬리 끝까지 정확한 순서로 14개의 체절이 모두 발생하는 것을 정상적인 체제라고 할 때 세 그룹의 체절 유전자들은 이러한 체제가 실현되도록 여러 단계를 순차적으로 조절하는 역할을 맡고 있다. 간극 유전자들은 몸의 전체적인 구획을 나누고, 쌍지배 유전자와 체절극성 유전자는 차례로 체절을 세분화하고 머리-꼬리 축에 알맞게 각 구획에서 기관 형성이 진행될 수 있도록 인도한다.

뉘슬라인-폴하르트와 비샤우스의 연구는 초기 배아 발생 과정에 대한 새로운 관점을 가져다주었다. 매우 많은 유전자가 관여하는 복잡한 과정으로 추정되어 쉽게 엄두를 낼 수 없던 연구 분야였는데 각 발생 단계를 총괄하는 소수의 유전자가 존재한다는 것이 밝혀지면서 발생의 유전적 메커니즘을 풀 수 있는 길이 열린 것이다. 발생 조절 유전자들의 정체가 무엇인지, 어떻게 그들이 초파리의 배아에서 패턴을 만들어내는지를 연구하는 과정에서 다른 생명체의 발생 과정에도 적용될 수 있는 보편적인 원리가 밝혀졌다.

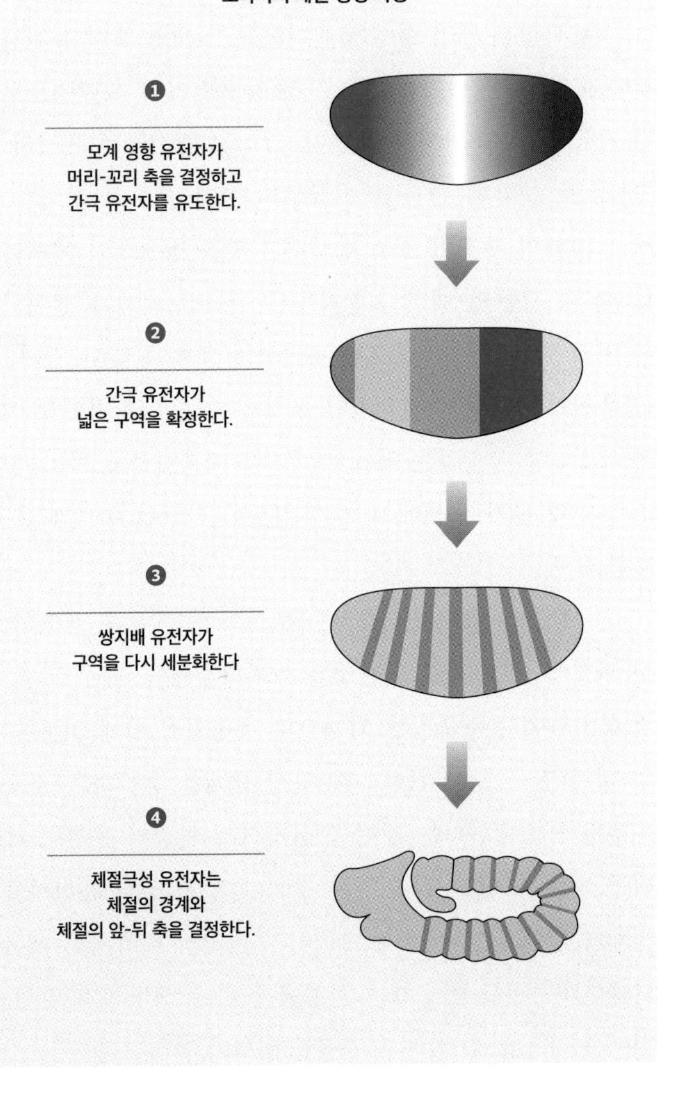
초파리의 체절 형성 과정
❶
모계 영향 유전자가
머리-꼬리 축을 결정하고
간극 유전자를 유도한다.
❷
간극 유전자가
넓은 구역을 확정한다.
❸
쌍지배 유전자가
구역을 다시 세분화한다
❹
체절극성 유전자는
체절의 경계와
체절의 앞-뒤 축을 결정한다.

각각 특정한 전사인자를 지정하는 간극 유전자들은 망가졌을 때 관찰되는 발생 결함의 패턴이 상이하다. 연구자들은 유전자 발현을 탐지하는 기술을 통해 각 간극 유전자가 발현하는 위치와 돌연변이에서 결함이 발생하는 부위가 상응한다는 사실을 확인했다.

특정 간극 유전자가 망가진 돌연변이에서는 그 유전자가 발현하는 장소에서 켜지거나 꺼져야 할 유전자 스위치들이 제대로 작동하지 않아 체절 형성에 이상이 생기고 결국 배아는 발생 결함으로 부화 전에 죽게 된다. 발생을 조절하는 체절 유전자 단백질들의 불균등한 분포로 인해 배아의 각 위치마다 발현되는 유전자가 달라진다는 사실이 밝혀진 것이다.

요약하자면 초파리 배아의 초기 발생 과정은 마치 흰 캔버스에 그려진 타원을 여러 구획으로 나누고 각 구획을 고유한 색깔로 표시하는 것과 비슷하다. 이때 사용되는 물감이 바로 체절 유전자들이다. 간극 유전자, 쌍지배 유전자, 체절극성 유전자로 이어지는 체절 유전자의 특이적 발현의 연쇄작용은 단순한 타원형의 알에서 14개의 체절 구조를 만들어낸다. 먼저 몇 개의 간극 유전자 물감이 서로 다른 구획을 칠한다. 이때 물감들이 섞이면서 물감 수보다 더 많은 구획이 만들어진다. 다음으로 각 구획에 칠해진 간극 유전자 물감에 따라 쌍지배 유전자 물감이 흘러나와 구획을 물들이며 더 복잡한 패턴을 만들어내고 더 세분화된 구획에서 체절극성 유전자 물감이 흘러나와 각 체절의 색상 패턴을 더욱 섬세하게 가다듬는다. 종합하면 각 체절 유전자는 고유한 시공간적 발현 패턴을 나타내고 이들의 조합이 같은 DNA를 지닌 세포들을 서로 다른 색깔로 물들여 세포분화라는 운명의 갈림길로 인도하게 된다.

최초의 패턴

체절 유전자들의 차등 발현에 대한 발견으로 발생유전학자들은 초파리의 발생 초기에 어떻게 체절이 형성되는지를 유전자 수준에서 설명할 수 있게 되었다. 하지만 여전히 간극 유전자 같은 초기 발생 조절 유전자들이 왜 서로 다른 패턴으로 발현하는지는 의문으로 남아있었다. 체절 형성 과정을 간극 유전자들의 차등 발현까지 거꾸로 거슬러 올라가 설명할 수 있게 되었지만 초기 배아에서 간극 유전자 차등 발현 패턴 그 자체가 어떻게 형성되는가 하는 문제는 여전히 풀리지 않은 상태였다.

뉘슬라인-폴하르트는 후속 연구를 통해 미제를 풀 실마리를 얻게 된다.[4] 그의 첫 대학원생이었던 한스 게오르크 프론회퍼Hans-Georg Frohnhöfer는 모계 영향 유전자를 표적으로 한 돌연변이 실험을 진행한다. 체절 유전자 대부분은 돌연변이의 효과가 당대에서 배아의 치사 표현형으로 나타나지만 모계 영향 유전자의 경우는 전 세대의 돌연변이 여부에 따라 표현형이 결정된다.

어떻게 돌연변이 효과가 세대를 건너 나타나게 되는 것일까? 유성생식 종에서 관찰되는 일반적인 특성 중 하나는 난자가 정자보다 크기가 훨씬 크다는 것이며, 수정란을 이루는 세포질 대부분이 난자에서 유래한다. 엄마의 몸에서 만들어진 난자 속에는 엄마의 DNA로부터 발현된 다양한 RNA와 단백질이 들어있으며 난자를 통해 발현물(RNA, 단백질)이 다음 세대로 전달되는 유전자들은 돌연변이가 생겼을 때 그 효과가 다음 세대에서 나타날 수 있기 때문에 모계 영향 유전자라고 불린다.

배아의 DNA에서 발현된 유전자가 작동하기 전에 모계 영향 유전자 중 일부가 초기 발생 단계를 조절할 것이라는 가설을 세우고 실험을 진행한 프론회퍼는 '비코이드'라는 유전자가 망가진 엄마의 자손에서 머리 부분이 제대로 만들어지지 않는다는 현상을 관찰했다. 그리고 비코이드 단백질을 배아 앞쪽에 인위적으로 주입하면 돌연변이의 결함이 회복된다는 연구 결과를 통해 비코이드 단백질이 머리-꼬리 축 형성에 결정적 역할을 하고 있음을 입증했다.

뉘슬라인-폴하르트 연구팀은 더 나아가 난자가 만들어

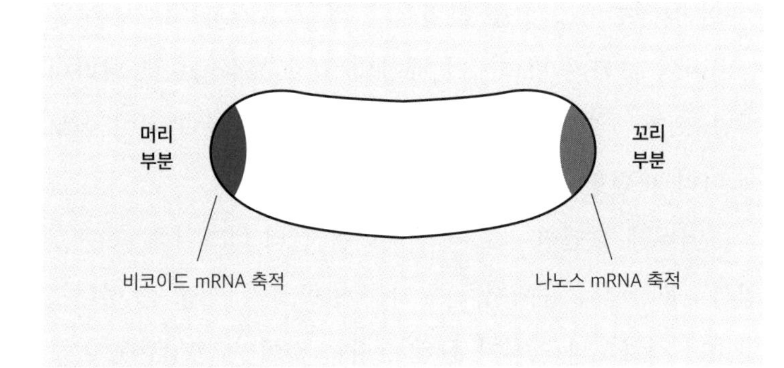

머리-꼬리 축을 결정하는 모계 영향 유전자
모계 영향 유전자 중 하나인 비코이드는 나노스 등 다른 모계 영향 유전자와 함께 초기 배아의 머리-꼬리 축을 결정한다.

질 때 비코이드 mRNA가 앞쪽 끝에만 축적되고, 발생 초기 비코이드 mRNA가 있는 앞쪽 끝에서 만들어진 단백질이 확산되면서 머리-꼬리 축으로 비코이드 단백질의 농도 기울기가 형성된다는 사실을 확인했다. 그 결과 초기 배아 속에서 비코이드 농도는 일종의 '좌표'처럼 활용되어 그 농도가 높을수록 더 앞쪽에 있다는 위치 파악이 가능해진다. 비코이드처럼 농도의 기울기에 따라 발생의 패턴을 조절하는 인자를 형태형성물질이라고 하는데, 수십 년 동안 가설적 존재였던 형태형성물질의 분자적 실체가 최초로 밝혀진 사례가 바로 비코이드였다.[5]

초기 발생을 조절하는 모계 영향 유전자와 체절 유전자의 발견과 발생 조절 기작의 규명을 통해 발생유전학자들은

'같은 DNA, 다른 표현형'이라는 패러독스를 뛰어넘어 수정란으로부터 어떻게 다양한 세포들이 만들어질 수 있는지를 설명할 수 있게 되었다. 수정란이 분열해서 만들어진 세포들은 동일한 DNA를 지니고 있지만 DNA를 둘러싼 세포 내 '환경'은 균질하지 않다. 이미 수정란에서부터 형성되어 있는 다양한 발생 조절 인자들의 분포 패턴에 따라 배아의 구획이 나눠지고 그 속의 세포들에서 서로 다른 유전자 스위치가 켜지며 분화 과정을 거치게 된다. 초파리뿐만 아니라 인간을 포함한 다른 다세포 생물들에게도 적용되는 발생의 유전적 원리를 규명한 공로로 뉘슬라인-폴하르트와 비샤우스는 1995년 노벨 생리의학상을 공동으로 수상했다.

머리에 다리가 달린 호메오 돌연변이

1995년 노벨 생리의학상의 또 다른 공동 수상자인 에드워드 루이스Edward B. Lewis는 뉘슬라인-폴하르트와 비샤우스가 발생 초기의 체절 형성을 조절하는 유전자를 찾아내는 돌연변이 실험을 진행하기 훨씬 전부터 초파리의 체절에서 어떻게 각종 기관이 정확하게 만들어질 수 있는지를 밝혀내는 연구를 진행했다. 루이스 또한 초파리 돌연변이 실험으로부터 중요한 발견을 일궈냈는데, 다만 초기 배아의 치사 표현형을 분석한 EMBL의 연구팀과 달리 성체에서 신체의 특정 구조가 비정상적으로 다른 구조로 뒤바뀌는 '호메오시스'라는 기이한 현상을 탐구했다.

정상적인 초파리는 한 쌍의 날개를 지니고 있다. 지금으로부터 한 세기 전인 1915년, 초파리 유전학의 모태라 할 수 있는 토머스 모건Thomas Morgan의 실험실에서 캘빈 브리지스Calvin Bridges는 날개가 두 쌍 달린 바이소락스bithorax라는 호메오 돌연변이를 발견한다. 두 개bi의 가슴thorax이라는 뜻의 이 돌연변이는 원래 날개가 돋는 두 번째 체절 외에 세 번째 체절에서, 평형곤이 있어야 할 자리에 날개 한 쌍이 더 만들어지는 돌연변이다. 또 다른 호메오 돌연변이인 안테나페디아antennapedia 돌연변이에선 초파리의 더듬이antenna 자리에 다리pedia가 돋아나는 기이한 표현형이 관찰되었다.

날개나 다리가 커지거나 사라지는 정도의 돌연변이가 아니라 엉뚱한 자리에서 날개나 다리가 돋아나는 놀라운 돌연변이 현상은 각 체절의 기관 발생 시에 마스터 스위치 역할을 하는 유전자의 존재를 암시했다. 루이스는 바이소락스 호메오 돌연변이를 연구하는 과정에서 실제로 체절의 정체성을 지정하는 '마스터 스위치' 유전자들이 모여 있는 유전자 클러스터를 발견하게 된다.[6] 초파리의 3번 염색체에 위치한 바이소락스 복합체bithorax complex, BX-C 유전자 클러스터에는 울트라바이소락스*Ultrabithorax(Ubx)*, 앱도미널-A*abdominal-*

A(abd-A), 앱도미널-B*abdominal-B(abd-B)*라는 유전자가 나란히 늘어서 있으며 흥미롭게도 이 세 유전자의 공간적 발현 패턴이 DNA에서 배열된 순서와 일치한다. 가장 앞에 위치한 *Ubx* 유전자가 *abd-A* 유전자보다 앞쪽 체절들에서부터 발현하며 *abd-B* 유전자는 가장 끝 쪽에서 발현된다.

뒤이어 BX-C 앞쪽에 머리 쪽 체절들의 운명을 조절하는 유전자 5개가 포함된 안테나페디아 복합체antennapedia complex, ANT-C 또한 발견되었고 ANT-C의 유전자들도 마찬가지로 DNA에 배열된 순서와 발생 과정에서의 공간적 발현 순서가 일치한다는 사실이 밝혀졌다. 머리끝부터 꼬리 끝까지 14개의 체절이 무엇으로 발생할지를 결정하는 8개의 마스터 유전자가 모두 염색체 한곳에 모여 있으며 이들의 배열이 정확히 자신이 조절하는 체절의 위치와 일치한다는 '공선성 원리'는 아무도 예상하지 못한 놀라운 발견이었다.

희한할 정도로 가지런히 정렬되어 있는 유전자에 대한 후속 연구는 더 충격적인 발생의 진실을 드러냈다. 스위스 바젤대학교의 발터 게링Walter Gehring 연구팀은 ANT-C와 BX-C를 이루는 유전자들의 서열을 들여다보는 과정에서 이들이 공유하는 호메오박스라는 특징적인 서열을 찾아냈을 뿐만 아니라 이러한 호메오박스를 지닌 유전자를 인간을 포함한 척추동물에서도 발견한 것이다.[7·8] 척추동물에서 발견된 호메오박스 유전자 중 일부는 초파리의 ANT-C나

BX-C처럼 물리적인 클러스터를 이루고 있을 뿐만 아니라 유전자들이 머리-꼬리 축의 발현 패턴과 일치하게 배열되어 있음이 확인됐다.

이처럼 공통적으로 호메오박스를 지니고 있으며 클러스터를 이루는 공선성 원리에 따라 머리부터 꼬리까지 신체 구획의 정체성을 형성하는 유전자에게 '혹스'라는 이름을 붙이게 된다. 혹스 유전자의 발견은 발생유전학자들에게는 코페르니쿠스적인 사건이었다. 마지막 공통조상에서 갈라져 나온 후로 수억 년 동안 초파리와 인간이 모두 선조에게 물려받은 혹스 유전자를 보존하여 동일한 기작으로 발생의 중요 단계를 조절하고 있음이 밝혀진 것이다. 인간과 초파리의 너무나도 다른 생김새와 놀랍도록 유사한 혹스 유전자 사이의 간극은 현재 지구상에 존재하는 수많은 종과 그들의 다양한 '형태'가 어떤 방식으로 진화했는지에 대한 구체적이고 분자적인 수준의 힌트를 제공해주었다. 이를테면 '발생의 진화'를 이해할 수 있는 진화발생생물학evolutionary developmental biology, EVO-DEVO(이보디보)의 길이 열린 것이다.

모든 혹스 유전자가 공유하는 호메오박스는 180개의 염기서열로 이루어져 있으며 60개의 아미노산으로 구성된 호메오 도메인을 암호화하고 있다. 혹스 유전자가 발현해서 만들어진 단백질의 일부를 이루는 호메오 도메인은 DNA에 결합할 수 있으며, 호메오 도메인을 통해 혹스 유전자들은 전사인자로 작동하여 자신이 발현되는 구역에서 특정한 조합의 유전자 스위치를 켜고 끔으로써 해당 위치에 적합한 발생 프로그램을 가동시킨다. 안테나페디아 돌연변이에서 더듬이 자리에 다리가 생기는 이유는 다리를 지정하는 혹스 유전자가 엉뚱하게 안테나 자리에서 작동해 안테나 대신 다리를 만드는 프로그램이 실행됐기 때문이며, 바이소락스 돌연변이는 반대로 평형추와 복부 앞쪽을 지시해야 할 혹스 유전자가 망가져 그 공백을 날개를 만드는 프로그램으로 메꾸면서 날개가 두 배로 늘어나게 된 것이다.

이처럼 호메오시스라는 기이한 현상을 먼 친척 종에서도 잘 보존되어 있는 혹스 유전자의 활동으로 설명할 수 있게 되면서 어떻게 생명 진화의 역사에서 다른 형태들이 진화할 수 있었는지에 대한 유전학적 패러다임이 마련되게 된다. 마치 똑같은 재료를 가지고도 다양한 설계도가 있으면 3D 프린터로 수많은 형태를 만들어낼 수 있는 것처럼, 형태의 다양성은 새로운 재료(유전자)의 출현 없이도 오래된 재료를 이용하는 새로운 설계도로부터 진화할 수 있다. 이때 새로운 설계도가 담은 창의성이란 결국 언제 어디서 오래된 재료(보존된 유전자)가 발현되는가 하는 유전자 발현의 시공간적 맥락의 혁신에서 비롯된다. 이러한 혁신은 유전자에 새겨져 있는 각종 스위치의 변이를 통해 달성될 수 있다.

8

세포의 족보, 영혼 발생의 열쇠

세포 프로파일링과 인공 뇌

필자가 시카고 근교 노스웨스턴대학교에서 연구하던 시절, 가끔 머리를 식히러 다운타운에 위치한 시카고 미술관에 들르곤 했다. 미술관의 방대한 전시 중에서도 인상주의 갤러리를 즐겨 찾았는데, 이 갤러리 한가운데에는 미술관을 대표하는 작품 중 하나인 〈그랑드자트섬의 일요일 오후〉가 걸려 있다. 한쪽 벽면을 온전히 차지하고 있는 거대한 이 작품은 신인상주의의 창시자인 조르주 피에르 쇠라Georges Pierre Seurat의 대표작으로 미술 교과서에도 등장하는 가장 널리 알려진 점묘화다. 마치 수많은 픽셀로 구성된 컴퓨터 그래픽처럼 쇠라는 무수히 많은 점으로 거대한 화폭을 구성했다. 멀리서 보면 아름다운 물가에서 주말을 즐기고 있는 사람들의 풍경들이 눈에 들어오지만 아주 가까이 들여다보면 오직 작은 '점'들만이 존재한다.

무수히 많은 점으로 그려진 점묘화 속 인물처럼 인간의 몸은 수십조 개의 작은 세포들의 정확한 구성을 통해 만들어진다. 그렇기에 인간에 대한 가장 중요한 생물학적 환원 중 하나는 인간을 이루는 다양한 세포들의 역할을 이해하는 것이라고 할 수 있다. 눈과 신장이 전혀 다른 기능을 하는 이유는 이들을 구성하는 세포의 구조와 기능이 다르기 때문이다. 눈에는 빛을 감지하고 안구의 운동을 조절하는 세포들이 있으며 신장은 노폐물을 배출하는 기능을 수행할 수 있게끔 하는 세포들이 조직과 기관을 이루고 있다.

점묘화와 다세포 생물은 무수히 많은 점 혹은 세포로 구성되어 있다는 점에서 비슷하다. 하지만 점묘화를 이루는 알록달록한 점들은 그림 바깥의 여러 물감을 원천으로 하는 반면 다세포 생물의 세포들은 모두 수정란이라는 한 세포의 분열과 성장, 분화를 통해 만들어진다. 비유하자면 쇠라가 흰 캔버스에 찍은 점 하나가 나뉘고 커지고 색깔을 바꾸고 캔버스 위로 마법처럼 움직여 아름다운 화폭을 이루는 일이 우리 몸이 만들어질 때 일어난다는 말이다.

발생학은 이처럼 하나의 점이 스스로 복잡한 시스템으로 변모해가는 신비를 탐구하는 학문이라고 할 수 있다. 발생학자들은 어떻게 하나의 세포로부터 다양한 세포들이 만들어질 수 있는지, 다양한 세포들이 어떻게 조직과 기관을 형성할 수 있는지 그 원리와 기작을 탐구한다.

현미경으로 우리 몸 구석구석을 확대해보면 다양한 모양을 지닌 세포들을 관찰할 수 있다. 상이한 화학 성분으로 이뤄진 물감이 서로 다른 색깔을 내는 것처럼 세포들의 형태와 기능이 다양한 이유는 세포를 이루는 분자들이 다양하기 때문이다. 호르몬을 분비하는 조직에서는 호르몬 단백질을 합성하는 내분비세포가 발견되고 뇌에서는 정보를 처리하기 위해 신경전달물질을 합성하는 신경세포가 발견된다. 마치 프로필에 기재된 이력을 통해 어떤 사람인가를 유추해볼 수 있는 것처럼 세포가 품고 있는 물질로부터 세포의 특징과 기능을 읽어낼 수 있다.

세포의 프로필

세포가 다양한 물질을 만들어낼 수 있는 근원은 DNA에 있다. DNA 속에는 세포의 구조를 이루고 기능을 수행하는 RNA와 단백질에 대한 레시피가 들어있으며 세포는 특수한 제조 공정을 통해 RNA와 단백질을 만들어낸다. 예를 들어 인간의 DNA 속에는 약 2만 종류의 단백질에 대한 설계도가 들어있으며 여러 모듈로 구성된 하나의 단백질 유전자로부터 여러 동형 단백질이 만들어지기도 한다. 이렇게 만들어진 RNA와 단백질은 촉매 작용을 통해 또 다른 물질을 만들어내기도 하고 수송 작용을 통해 세포 바깥의 물질을 안으로 끌어들이거나 거꾸로 세포에서 만들어진 물질을 밖으로 내보내기도 한다.

그런데 하나의 수정란에서 유래한 다양한 세포들은 모

두 (거의) 동일한 DNA를 지니고 있음에도 어떤 세포냐에 따라, 즉 세포형에 따라 서로 다른 물질들의 조합을 만들어 낸다. 이처럼 세포들에서 발견되는 '분자 프로필'의 다양성은 근본적으로 세포가 '활용'하는 레시피의 차이에서 비롯된다. 한 생명체가 지니고 있는 유전정보(DNA)의 총체, 즉 유전체는 개체가 발생하고 성장하고 늙어가는 과정에서 (거의) 변하지 않는다. 하지만 유전체로부터 발현되는 '활성화'된 정보의 총체는 시시각각 변화한다. 유전자 발현은 일주기 리듬처럼 시간축에 따라 변화하기도 하지만 공간적으로도 균질하지 않다. 기관, 조직, 세포형마다 서로 다른 유전자들의 스위치가 켜지며 세포형 고유의 유전자 발현 프로필에 따라 전혀 다른 물질들로 구성될 수 있게 된다.

따라서 세포형의 다양성을 이해하기 위해서는 각 세포형이 품고 있는 유전자 발현 프로필을 규명해내야 한다. 역동적인 유전자의 발현 패턴을 포착하기 위해 생물학자들은 RNA에 주목했다. DNA에 들어있는 유전자가 발현되기 위해서는 전사를 통해 RNA가 만들어져야 한다. 따라서 특정 세포에 들어있는 RNA의 총체인 전사체를 파악할 수 있다면 해당 세포의 유전자 발현 프로필을 확보할 수 있게 된다.

1995년 미국 스탠퍼드대학교의 패트릭 브라운Patrick O. Brown 교수가 마이크로어레이 기법을 개발하면서 개별 RNA가 아닌 전사체 수준에서 유전자 발현을 분석할 수 있는 길이 열리게 된다.[1] 마이크로어레이 기법의 핵심은 수많은 유전자에 대한 탐침이 배열된 'DNA칩'이다. 짧은 염기서열을 포함한 각각의 탐침은 상보적인 염기서열을 지닌 DNA와 혼성화하여 결합할 수 있고 이때 형광신호를 이용하면 어떤 탐침에 DNA가 얼마나 결합했는지를 정량화할 수 있다. 따라서 전사체를 이루는 불안정한 RNA를 역전사 효소를 이용하여 안정적인 상보적 DNAcomplementary DNA, cDNA로 만들어 내고, 이를 DNA칩 위에서 혼성화시키면 한 번의 실험으로 수천, 수만 개의 유전자 발현에 대한 방대한 데이터를 얻어 낼 수 있다.

2000년대 들어서 차세대 염기서열 분석법 기술의 개발로 전사체를 빠르고 값싸고 정밀하게 시퀀싱할 수 있게 되면서 DNA칩을 이용하지 않고 직접 cDNA의 염기서열을 읽는 RNA 시퀀싱 기법이 전사체 분석 기술로 널리 보급되게 된다. 이러한 유전자 발현 분석 기법들 덕분에 연구자들은 특정 조직 혹은 기관에서 발현되는 유전자를 손쉽게 파악할 수 있게 되었다. 예를 들어 전혀 다른 기능을 하는 뇌와 간의 조직에서 전사체를 추출하고 분석하여 각 조직의 유전자 발현 프로필을 규명하고 이로부터 뇌와 간 조직 사이에서 공통적으로 혹은 특이적으로 발현되는 유전자들을 확인할 수 있게 된 것이다.

하지만 초기 전사체 분석 기법은 개별 세포의 유전자

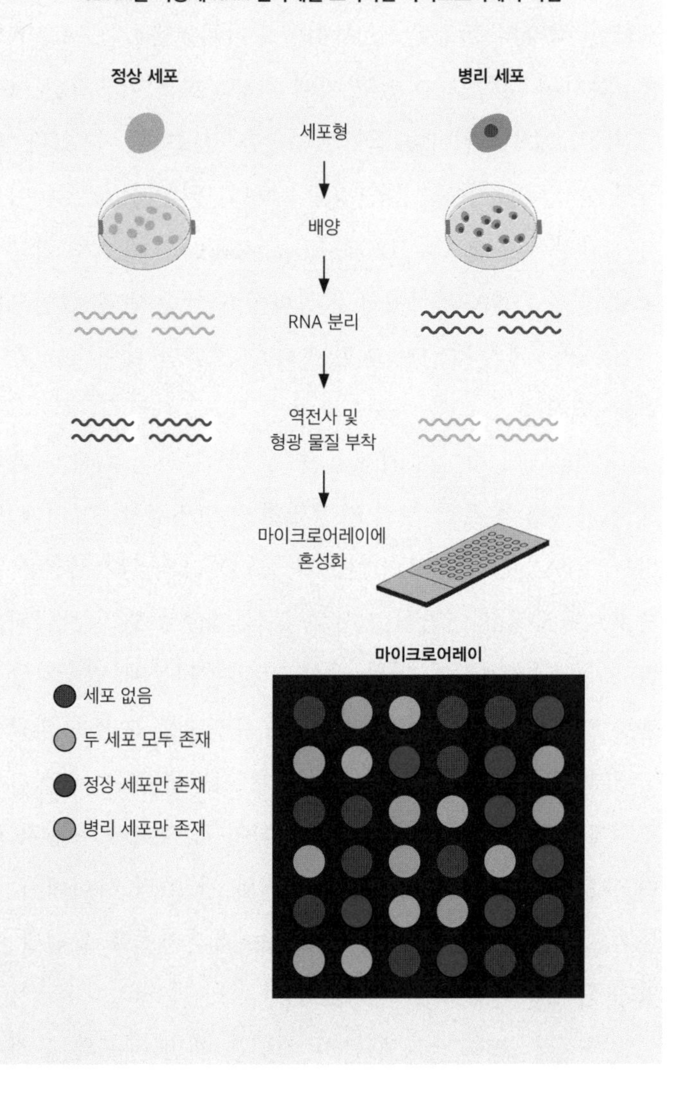
cDNA를 이용해 RNA 전사체를 포착하는 마이크로어레이 기법
정상 세포
병리 세포
세포형
배양
RNA 분리
역전사 및
형광 물질 부착
마이크로어레이에
혼성화
마이크로어레이
세포 없음
두 세포 모두 존재
정상 세포만 존재
병리 세포만 존재

발현 프로필을 확보하는 데에는 큰 한계가 있었다. 특정 조직에서 추출한 전사체 속에는 많은 수의 세포에서 유래한 RNA가 뒤섞여 있었기 때문이다. 서로 다른 유전자 발현 프로필을 지닌 다양한 세포형으로 구성된 불균질한 조직 샘플을 하나의 덩어리 전사체로 분석하면서 세포형 각각의 유전자 발현 프로필들은 최종 데이터 속에서 뭉개지고 희석될 수밖에 없었다. 비유하자면 어떤 음식을 믹서기로 갈아버린 경우 그것을 구성하는 재료들 고유의 형태와 특징을 파악하기 어려운 것과 같은 이치다.

단일 세포 시퀀싱 혁명과 인간 세포 아틀라스

조직을 통째로 갈아 분석하는 벌크 시퀀싱의 한계를 극복하고 세포형의 다양성을 규명하는 가장 이상적인 방법은 바로 세포 하나하나의 유전자 발현 프로필을 확보하는 것이었다. 특정 조직을 이루는 이질적인 세포들의 유전자 발현을 개별적으로 '프로파일링' 할 수 있으면 어떤 조직을 이루는 세포들의 세포형이 얼마나 다양한지를 확인할 수 있을 뿐만 아니라 세포형 각각의 기능과 특징을 유전자 발현 프로필로부터 유추할 수 있다.

이른바 단일 세포 시퀀싱 기술은 2009년 최초로 현실화된 후 급속도로 발전하며 많은 생물학 분야에 엄청난 파급력을 미치게 된다.[2] 다양한 세포형으로 구성된 조직에서 개별 세포들의 유전자 발현 프로필을 확보하기 위해서는 두 가지 기술적 장벽을 극복해야 했다. 첫째, 많은 세포가 엉겨 붙어 있는 조직을 단일 세포들로 해체해야 했다. 둘째, 해체된 조직의 세포 수프로부터 단일 세포의 전사체를 개별적으로 프로파일링할 수 있어야 했다.

우선 연구자들은 물리적인 방식(주로 느슨한 연결로 이루어진 조직 대상)이나 화학적인 방식(각종 분해 효소로 세포들의 연결을 분해)으로 세포들을 떼어내는 데 성공했다. 그리고 이렇게 떨어져 나온 세포들을 형광활성세포분류기 등을 이용하여 하나씩 분리해낸 후 이들 각각에 대한 RNA 시퀀싱을 진행한다. 또는 미세유체역학 기술을 이용하여 단일 세포를 고유한 바코드가 들어있는 물-기름 방울에 포집해 그 세포로부터 유래한 RNA를 해당 바코드로 표지하는 방식으로 개별 세포의 유전자 발현 프로필을 확보했다.

단일 세포 시퀀싱 혁명은 한편으론 빅데이터 혁명이기도 했다. 벌크 RNA 시퀀싱을 통해서는 수천 개의 세포로 이루어진 조직에서 하나의 전사체 데이터를 얻었지만 단일 세포 RNA 시퀀싱을 통해서는 수천 개의 단일 세포 전사체 데이터가 각각 산출되기 때문이다. 이 빅데이터 속에는 조직을 이루는 이질적인 세포형들의 구성과 각 세포형의 고유한 유

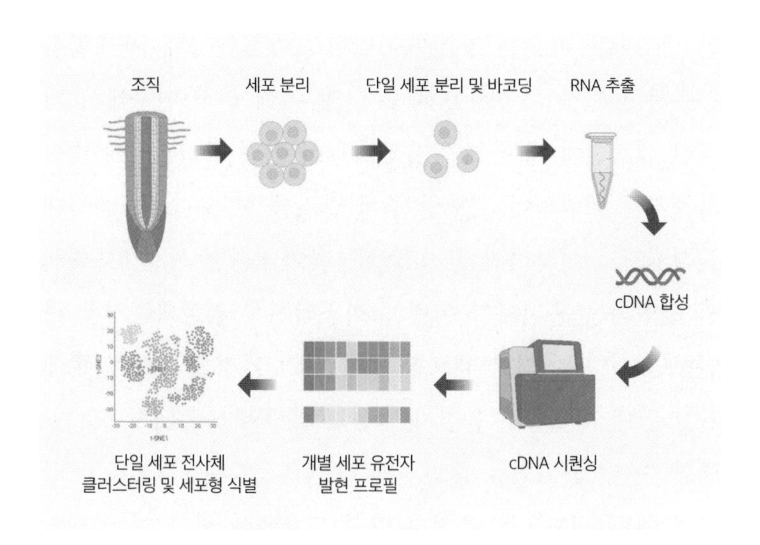

단일 세포 RNA 시퀀싱의 기본 개념도

전자 발현 프로필이 담겨 있다. 생물정보학자들의 노력으로 단일 세포 시퀀싱의 방대한 데이터로부터 유의미한 정보를 추출해낼 수 있는 소프트웨어들이 잇따라 개발되면서 생물학자들도 손쉽게 빅데이터를 분석할 수 있게 되었다(쇠라 또한 그중 하나로 다세포 생물을 점묘화처럼 분석하는 소프트웨어에 어울리는 작명이라 할 수 있겠다).

쇠라를 포함한 단일 세포 전사체 분석 소프트웨어는 시퀀싱된 많은 수의 세포를 유전자 발현 프로필의 유사성에 따라 여러 개의 클러스터로 묶어내고 각 클러스터의 특이적 유전자 발현 패턴을 분석해낼 수 있다. 같은 클러스터로 묶인 세포들은 비슷한 유전자를 발현하고 있는 같은 세포형을 공유하고 있을 가능성이 매우 크며 이때 선행 연구에서 밝혀진 세포형에 대한 표지 유전자들이 어떤 클러스터에 발현하는지를 확인하여 세포형 주석 달기를 할 수 있다. 예컨대 신경세포로 이루어진 클러스터를 찾아내려면 신경세포에서만 발현되는 유전자가 어떤 클러스터에서 검출되는지를 확인하면 된다. 이러한 세포형 주석 달기 과정을 통해 기존에 알고 있던 세포형의 유전자 발현 프로파일을 총체적으로 규명할 수 있게 되었을 뿐만 아니라, 하나의 세포형이라고 알고 있었던 세포들을 유전자 발현 프로필에 따라 여러 개의 세포아형으로 나누고 기존에 알려진 세포형으로는 분류되지 않는 새로운 세포형을 발견할 수 있게 됐다.

한편 단일 세포 시퀀싱 혁명으로 마련된 플랫폼을 통해 단일 세포 분리, 시퀀싱, 유전자 발현 프로파일링, 클러스터 분석을 손쉽게 진행할 수 있게 되면서 인간 유전체 프로젝트에 버금가는 야심찬 프로젝트, 인간 세포 아틀라스Human Cell Atlas, HCA 프로젝트가 발족하게 된다. '아틀라스'는 번역하면 지도책 혹은 지도 모음을 뜻한다. 미국 브로드연구소와 영국 생어연구소 등 전 세계 연구진이 포함된 HCA 컨소시엄은 국제적인 노력으로 인간을 이루는 모든 세포형의 표준 지도를 만들어 나가고 있다.[3]

비유컨대 인간을 하나의 세계로, 인간을 이루는 기관과

조직을 세계를 이루는 지역들로 보고, 모든 지역에 대해 각 지역을 구성하는 세포형에 대한 정교한 지도를 만드는 것이라고 할 수 있다. 인간이라는 종의 표준 유전체를 마련했던 인간 유전체 프로젝트처럼 아틀라스가 완성된다면 우리 몸에 대한 개별 세포, 개별 유전자 단위의 표준 전도를 갖추게 되는 것이다. 예를 들어 간에 대한 아틀라스를 들여다보게 되면 간을 이루는 모든 종류의 세포와 각 세포형이 발현하는 유전자들의 프로필까지 파악할 수 있을 것이다. 동시에 특정 유전자에 대한 기능이나 질병 연관성을 연구할 때 그 유전자가 발현하는 정확한 장소를 파악할 수 있게 된다. 유전체라는 지도가 생물학과 의학의 지평을 확장시킨 것처럼 세포 아틀라스라는 방대하고 정밀한 지도는 생물학자와 의학자의 탐험과 발견을 더욱 가속화할 것이다.

세포의 4차원 족보

몸을 이루는 모든 세포는 수정란이라는 시조의 세포 분열로부터 유래한 후손들이다. 말하자면 같은 수정란에서 유래한 세포들은 일종의 '혈연 관계'를 이루는데 이를 세포 계통이라고 부른다. 발생이 진행되는 동안 세포 계통은 점점 더 많은 가지로 나뉘고(계통 분기), 각각의 가지는 서서히 자신의 운명을 획득하게 된다(계통 특수화). 배아줄기세포처럼 미분화 세포에서 시작한 세포 계통이 대를 거듭하며 특정한 구조와 기능을 갖춘 세포형으로 탈바꿈하는 분화 과정은 유전자 발현의 정확한 시공간적 조절을 통해서 이뤄진다. 따라서 발생 현상을 분자 수준에서 이해하기 위해서는 세포 계통의 진행 과정에서 유전자 발현 프로필이 어떻게 변해가는지를 파악할 수 있어야 한다.

단일 세포 시퀀싱은 세포 계통을 전사체 수준에서 분석할 수 있는 길을 열어주었다는 점에서 발생학자들에게 엄청난 선물이었다. 특히 발생이라는 4차원 사건을 분석하는 데 필수적인 '시간'에 대한 높은 해상도를 제공해주었다. 계통이 분기되고 특수화되기 이전의 시점을 0, 분화가 완료된 시점을 1이라고 한다면 발생 중인 조직 샘플 속에는 0에서 1 사이의 시간대별로 다양한 상태의 세포가 존재하게 된다. 그런데 이 샘플을 벌크 시퀀싱으로 뭉개어 분석하게 되면 시간 정보가 사라진 하나의 전사체 정보만 남게 된다. 하지만 단일 세포 시퀀싱을 수행하면 세포 계통에서 다양한 지점에 있는 세포들의 전사체에 대한 정보를 보존할 수 있다. 더 나아가 유전자 발현 패턴의 변화는 연속적이므로 유전자 프로필이 변해가는 궤적을 추적하여 세포들을 의사疑似 시간의 흐름(0에서 1로)에 따라 배열할 수 있고 이로부터 분석한 조직의 세포 계통을 재구성할 수 있다. 이렇게 확보된 세포 계통의 전사체 데이터를 바탕으로 발생학자들은 세포의 분화 과정에서 어떤 유전자들이 켜지고 꺼지는지를 확인할 수 있게 되었다.

단일 세포 시퀀싱의 힘을 간파한 발생학자들은 각자 연구하는 종과 기관에 이 기술을 적용하기 시작했다. 그 결과로 단일 세포, 단일 유전자 수준에서 세포 계통 발생의 디테일을 확보한 연구들이 쏟아져 나오고 있다.[4] 그중에서도 2019년 《사이언스》에 발표된 미국 워싱턴대학교와 펜실베니아대학교의 공동 연구는 발생 중인 개체의 전체 세포 계통을 단일 세포 시퀀싱으로 재구성하여 주목을 받았다.[5] 이 연구의 특수성은 다른 연구들과 달리 세포 계통에 대한 완전한 '답안지'가 있다는 것이었다.

연구팀은 발생학의 핵심 모델 생물이자 성체가 오직 959개의 체세포로 이루어진 예쁜꼬마선충에 대한 단일 세포 시퀀싱을 수행했다. 예쁜꼬마선충은 수정란에서 959개의 완전히 분화된 체세포까지 세포 계통이 1980년 초반에 이미 완전히 밝혀진 유일한 동물이다. 그 과정에서 세포 자살 현상과 이를 조절하는 세포 자살 유전자를 발견한 공로로 존 설스턴John Sulston과 로버트 호비츠Robert Horvitz가 2002년 노벨 생리의학상을 수상하기도 했다.

예쁜꼬마선충은 수정란마다 똑같은 과정을 거쳐서 959개의 체세포를 만든다. 즉 모든 개체가 동일한 세포 계통으로 구성된다. 그 덕분에 설스턴은 세포가 분열하는 모든 과정을 반복적으로 관찰하여 959개 체세포 전체에 대한 가계도를 완성하는 엄청난 작업을 완수했고 예쁜꼬마선충을 말 그대로 '족보' 있는 종으로 발돋움시켰다. 하지만 광학현미경으로는 눈에 보이는 세포의 분열만 관찰할 수 있었을 뿐 눈에 보이지 않는 세포 내의 변화는 확인할 수가 없었다. 그로부터 40여 년이 흘러 단일 세포 시퀀싱으로 무장한 연구팀은 발생 중인 배아에서 무려 8만 개 이상의 세포 전사체를 확보하여 예쁜꼬마선충의 세포 족보를 한 차원 더 업그레이드하게 된다.

예쁜꼬마선충은 적은 수의 세포를 지니고 있음에도 신경세포, 근육세포, 표피세포, 내장세포 등 다양한 종류의 세포를 가지고 있다. 따라서 수정란이 분열과 분화를 거쳐 완전한 성체로 거듭나는 발생 과정의 본질은 인간과 같다고 할 수 있다. 연구팀은 초기부터 후기 배아 발생 단계에 이르기까지 다양한 시점의 배아에서 세포를 추출해 단일 세포 전사체 분석을 진행했다. 배아 발생 단계를 끝내고 알에서 깨어난 유충은 558개의 세포로 이루어져 있다. 그 과정에서 수정란은 1341개의 세포 가지(계통)로 나뉘는데 그 60배에 달하는 8만 6000개의 세포에 대한 전사체를 분석함으로써 배아 세포 계통의 전사체 전체를 포괄했다고 해도 무방할 정도의 데이터를 확보한 것이다.

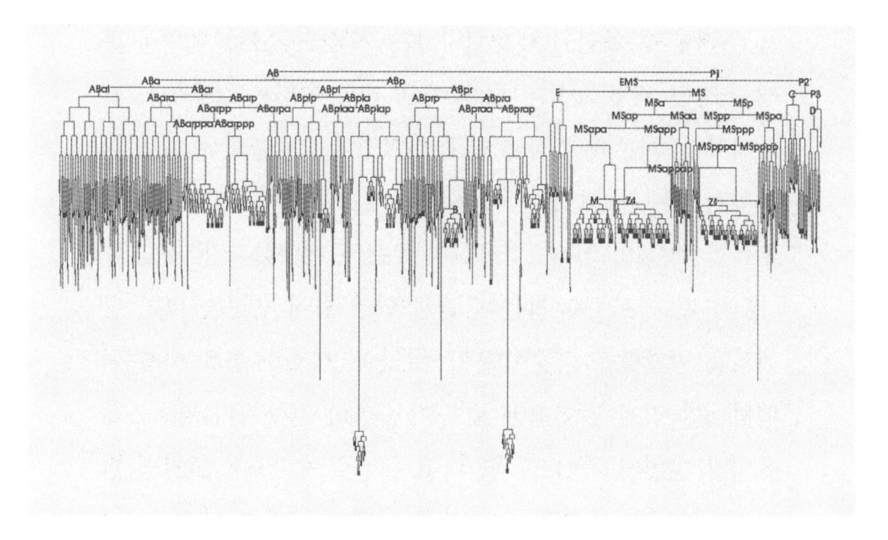

예쁜꼬마선충의 세포 분기도 혹은 세포 가계도

예쁜꼬마선충은 몸을 구성하는 체세포 959개의 세포 계통이 모두 밝혀진 동물이다. 단순해 보이지만 발생 과정의 본질은 인간과 같다.

연구팀은 모노클이라는 소프트웨어를 이용하여 단일 세포 전사체 데이터로부터 세포 분화의 궤적을 추적해냈다. 그 후 이를 '답안지'인 예쁜꼬마선충의 세포 족보와 대조하여 단일 세포 시퀀싱으로부터 재구성된 세포 계통에 대한 주석 달기를 수행했다.

이 과정에서 지난 수십 년간 누적된 발생유전학 연구들이 중요한 역할을 했다. 피부, 소화 기관, 근육, 각종 신경세포 등의 발생 과정에서 발현하는 것으로 밝혀진 표지 유전자들을 이용하여 단일 세포 시퀀싱으로 재구성된 세포 계통을 추적할 수 있었기 때문이다. 흥미롭게도 소프트웨어를 통해 추정된 세포 계통이 실제 세포 계통과 다른 경우들도 발견되었다. 기존에 축적된 연구가 없었다면 검증할 수 없었던 사항으로 단일 세포 전사체의 빅데이터로부터 세포 계통을 추정할 때 주의가 필요함을 보여주는 사례였다.

한편 세포 족보라는 답안지 덕분에 이 연구는 여러 흥미로운 발견들을 이끌어낼 수 있었다. 세포 계통을 따라 혈연관계가 점점 멀어지는 세포는 운명이 갈라지며 자연스레 유전자 발현의 차이도 커진다고 예상할 수 있다. 그런데 혈연관계와 유전자 발현의 유사성 사이의 이러한 상관관계가 발생 시기에 따라 달라진다는 사실이 밝혀졌다. 연구진은 분화가 거듭되면서 혈연관계가 점점 멀어지는 세포들 사이에서 유전자 발현의 차이가 증가하며 두 요소 (혈연관계와 유전자 발현 유사도) 사이의 상관관계가 증가하지만, 마지막 분화 단계에서는 혈연관계가 가까운 세포들 사이에서도 유전자 발현에 큰 차이가 발생하면서 상관관계가 감소하는 것을 확인했다. 즉 발생 초반에는 세포의 '출신'이 유전자 발현의 전반적인 패턴에 큰 영향을 준다면 발생 후반에는 세포의 '특성'이 유전자 발현 프로필에 더 큰 영향을 주는 것으로 추정된다.

비슷한 맥락에서 먼 친척으로 갈라진 세포들이 똑같은 세포형으로 분화하는 계통 수렴 현상의 분자적 메커니즘도 발견되었다. 예쁜꼬마선충 입술 주변에 위치한 두 종류의 입술 신경세포형(IL1, IL2)은 각각 6쌍의 신경세포로 구성되어 있는데, 이들은 세 가지 세포 계통의 수렴을 통해 형성된다. 이때 어떻게 다른 발생 경로를 거친 세포들이 같은 세포형으로 귀결되는지에 대한 실마리가 세포 계통의 전사체 데이터를 통해 풀렸다. 계통 수렴이 일어나기 직전 꽤 먼 계통에서 유래한 신경모세포들에서 *ast-1*이라는 전사인자의 발현이 공통으로 현저하게 증가한다는 현상이 확인됐다. 유전자 스위치를 켜고 끄는 역할을 하는 전사인자는 많은 수의 유전자 발현을 동시에 조절할 수 있기 때문에 다른 계통을 거친 세포들이라 하더라도 같은 전사인자를 발현한 결과, 이들의 전사체가 유사해지면서 하나의 세포형을 이룰 수 있다. 다른 삶을 살아온 사람들이 강렬한 사건을 함께 경험하며 같은 의견을 지니게 되는 것과 비슷한 일이 계통 수렴 과정에서 일어나고 있는 것이다.

인공 뇌의 탄생

자유롭게 단일 세포 시퀀싱 실험을 진행할 수 있는 예쁜꼬마선충과 달리 인간을 연구하는 데에는 큰 제약이 따른다. 인간의 몸을 대상으로 한 실험은 매우 제한적으로 이뤄질 수밖에 없기 때문이다. 그런데 단일 세포 시퀀싱 혁명이 진행되는 동안, 다른 한쪽에서 그런 제약을 뛰어넘을 또 다른 혁신이 진행되고 있었다. 바로 몸 밖에서 만들어낸 미니 장기, 오가노이드의 탄생이었다.

생물학자들이 시험관에서 인간 세포를 키운 지는 수십 년이 지났지만 실험실에서 장기를 만들어내는 일은 전혀 다른 문제였다. 한 종류의 세포를 배양액 속에서 키우는 단순한 작업과 달리, 장기를 만들기 위해서는 여러 세포형으로 분화할 수 있는 능력, 즉 다능성을 지닌 줄기세포 혹은 전구 세포로부터 장기를 이루는 다양한 세포들을 만들어내고 이들이 장기와 유사한 3차원 구조를 형성하게끔 해야 하기 때문이다.

네덜란드 휘브레흐트연구소 한스 클레버스Hans Clevers 연구팀은 마우스에서 모든 종류의 장 상피세포를 만들 수 있는 줄기세포를 발견한 후[6] 이를 실험실에서 장 조직 발생에 필요한 적절한 발생인자를 첨가하여 배양하고자 했다. 이때 배양접시 위에서 평평하게 세포들을 키우는 대신 세포외기질과 비슷한 부드러운 젤리인 마트리젤 속에서 배양했다. 장세포는 세포외기질에서 떨어지면 세포사멸이 일어나는 '아노이키스'를 겪게 되는데 이를 피하고자 마트리젤 속에서 배양한 것이다. 그런데 시간이 흐르자 마트리젤 속에서 놀라운 일이 일어났다. 줄기세포에서 다양한 장세포들이 만들어졌을 뿐만 아니라 이들이 돌기 모양을 지닌 미니 장을 형성했다. 줄기세포 혹은 전구세포로부터 만들어졌으며 세포 정렬과 세포들의 3차원적인 배치에 따라 일어나는 세포 계통 분화를 통해 자기조직화되어 체내에서와 유사하게 미니 장기를 형성하는 오가노이드가 최초로 탄생한 것이다.[7] 클레버스 연구팀은 2009년 미니 장의 제작법을 《네이처》에 발표하며 오가노이드의 시대를 열게 된다.[8]

오가노이드의 성공은 줄기세포나 전구세포에 다양한 세포형을 만들어낼 수 있는 다능성뿐만 아니라 조직의 입체적인 구조를 만들어낼 수 있는 잠재력 또한 들어있음을 입증한 것이었다. 클레버스 연구팀의 성공은 다른 줄기세포 연구팀들의 오가노이드 연구를 촉진했고 이후 십 년 동안 마우스를 넘어 인간의 줄기세포에서 각종 장기의 오가노이드를 만드는 데 성공했다는 발표들이 쏟아지게 된다.

그중에는 오스트리아 분자생명공학연구소에서 만든 대뇌 오가노이드도 포함되어 있었다.[9] 줄기세포에서 만들어진 세포들이 3차원 배양 속에서 미니 뇌로 성장했으며 크기는 매우 작지만 오가노이드 속에서 인간의 뇌를 이루는 다양한 부분이 관찰됐다. 연구진은 한걸음 더 나아가 소두증 환자의 세포로 만든 대뇌 오가노이드가 정상인의 오가노이드보다 세포들이 충분히 분열하기 전에 일찍 분화되고 만다는 사실도 발견했다. 마우스 모델에서 연구하기 어려웠던 소두

증을 인간의 대뇌 오가노이드 모델을 통해 그 기작을 밝힌 것이다. 이처럼 오가노이드 기술의 개발 덕분에 실험실에서 만들어낸 미니 장기를 이용해 질병 기작과 신약 발굴 등 다양한 연구를 할 수 있게 되었을 뿐만 아니라 SF에 등장하는 이식 가능한 인공 장기라는 꿈에 가까이 다가가게 되었다. 그리고 무엇보다 뇌를 포함하여 인간의 장기가 만들어지는 발생 과정을 몸 바깥에서 연구할 수 있는 발생학의 새 시대가 열리게 된다.

인간 영혼의 진화

지구를 넘어 태양계를 탐사하고 블랙홀을 관측할 수 있으며 우주와 생명의 나이를 가늠할 수 있는 인간의 특별한 능력은 바로 인간의 고유한 뇌로부터 비롯된다. 따라서 인간 뇌의 발생은 '인간성'이 만들어지는 물질적 과정이라고도 할 수 있다. 감각 정보를 처리하고 지능이 발현되며 의식을 가능케 하는 신경계는 세포 분열과 분화로 생성된 수많은 신경세포의 정확한 연결을 통해 만들어진다. 하나의 세포에서 교향곡을 작곡할 수 있는 잠재력을 지닌 인간이 만들어질 수 있는 이유는 바로 그 세포 속에 인간 종 고유의 신경계를 빚어내는 DNA라는 레시피가 들어있기 때문이다. 발생은 레시피를 실현해 인간이 밤하늘을 올려다보며 존재의 이유에 대해 번민할 수 있는 인지적 능력을 부여해준다.

그런데 인간의 뇌는 갑자기 하늘에서 떨어진 것이 아니라 진화라는 연속적인 과정을 거쳐서 만들어졌다. 공통조상으로부터 인간, 침팬지, 원숭이 등이 갈라져 나오면서 종마다 DNA 속에 서로 다른 변이가 쌓여왔고 그 변이들이 누적되며 레시피의 내용이 달라져 왔다. 따라서 인간 '영혼'의 기원을 밝히기 위해서는 인간이 진화하기 이전 공통조상의 뇌의 레시피로부터 어떻게 인간 뇌의 레시피가 진화했는지를 연구해야 한다.

최초의 단일 세포 RNA 시퀀싱과 최초의 오가노이드가 동시에 발표된 2009년으로부터 꼭 10년이 지난 2019년, 막스플랑크 진화인류학연구소에서 두 기술을 결합하여 인간 뇌의 진화를 분석한 연구를 《네이처》에 발표했다.[10] 연구팀은 인간의 여러 줄기세포뿐만 아니라 인간의 가까운 친척인 침팬지와 마카크원숭이의 줄기세포로 대뇌 오가노이드를 만들고 이를 넉 달 동안 키우면서 여러 시점에 걸쳐 단일 세포 시퀀싱을 진행했다. 이렇게 확보된 빅데이터 속에는 가까운 공통조상을 공유하는 인간, 침팬지, 원숭이의 대뇌 오가노이드가 자라면서 세포들이 어떻게 분화해나가고 그 과정에서 다양한 유전자의 발현이 어떻게 달라지는지에 대한 방대한 정보가 들어있었다.

연구팀은 이 빅데이터로부터 인간과 다른 영장류의 뇌 발생 차이에 대한 일반적인 현상과 구체적인 기작들을 함께 발견하게 된다. 우선 침팬지와 마카크원숭이의 대뇌 오가노이드가 인간 대뇌 오가노이드에 비해 일찍 성숙하는 현상이 관찰됐다. 같은 기간 동안 성장했음에도 인간의 대뇌 오가노이드에서 발생의 진전이 더디고 신경세포 성숙과 관련된 유전자들의 발현량도 침팬지나 마카크원숭이보다 더 적다는 사실이 확인됐다. 인간과 마카크원숭이의 실제 뇌 조직의 유전자 발현을 분석한 연구에서 확인된 현상이 대뇌 오가노이드에서도 똑같이 재현된 것이다.[11] 이는 인간의 뇌가 다른 영장류에 비해 천천히 성숙하면서 오랫동안 '말랑말랑'한 상태로 유지되어 학습, 기억, 복합감각 등 고도의 인지 기능에 필요한 능력들을 발달시킬 수 있는 시간이 길어졌다는 기존의 학설을 지지하는 결과였다.

인간과 다른 영장류의 뇌가 다르게 발생하는 근본적인 이유는 레시피의 차이에 따라 발생 과정에서 유전자 발현 조절이 다르게 진행되기 때문이다. 연구팀은 그 구체적인 차이를 대뇌 오가노이드 단일 세포 전사체의 비교를 통해 찾아냈다. 인간의 대뇌 오가노이드와 침팬지, 마카크원숭이 대뇌 오가노이드의 발생 과정에서 다르게 발현하는 유전자들을 찾아내고 이 유전자들이 언제 어떤 세포 계통에서 발현하고 있는지 확인해냈다. 비슷한 시기에 발전을 거듭한 단일 세포 시퀀싱 기술과 오가노이드 기술이 강력한 시너지를 통해 인간의 뇌를 독특하게 만드는 '유전자 재료'들을 찾아낸 것이다. 따라서 후속 연구를 통해 인간과 다른 종 사이의 어떤 유전적인 차이가 이러한 유전자 재료들의 발현 차이를 일으켜 뇌의 발생 궤적을 다르게 하는지 밝히게 된다면 인간 DNA 속에 담긴 영혼 진화의 물질적 기반이 더 선명하게 그 모습을 드러내게 될 것이다.

9

시간을 돌리는 유전자

노화유전학의 진보와 역노화

생로병사生老病死. 늙고, 병들고, 죽는 것은 모두가 피하고 싶지만 누구에게나 닥쳐오는 비극이다. 그런데 이 세 가지 고통은 서로 밀접한 연관을 맺고 있다. 노령층에선 암, 심혈관 질환 등 사망의 주요 원인이 되는 심각한 질병의 발병률이 현저히 높아진다. 그 결과 'ㄱ'자 형태의 생존 곡선에서 압축적으로 나타나듯 특정 연령을 넘어서면 죽음을 맞이할 확률이 급격히 증가한다. 말하자면 노화는 생에서 병사로 넘어가는 과정을 '촉매'하는 것이다.

불로장생이라는 오래된 표현은 죽음을 촉매하는 노화에 대한 인식과 오래 살기 위해선 늙지 않아야 한다는 통찰을 담고 있다. 실제로 인간은 늙어가는 것에 맞섬으로써 멸망을 피하는 길을 열망해왔다. 먼 옛날 '불멸'을 위해서는 반드시 '불로'를 얻어내야 한다는 사실을 간파한 진시황은 신선이 살고 있다는 동쪽으로 서복을 파견하여 불로초를 찾아오게 했다.

그렇게 서복이 바다로 나간 지 약 2200년이 지난 지금, 생물학자들은 전설의 불로초를 얻기 위해 신선을 찾아 나서는 대신 직접 '불로의 레시피'를 개발하고 있다. 노화가 무엇이고 왜 일어나는지를 밝혀내고 이러한 지식을 바탕으로 노화를 늦출 수 있는, 더 나아가 노화를 거꾸로 되돌릴 방안을 찾아내려는 연구자들의 노력은 과연 진시황의 못다 이룬 꿈을 실현할 수 있을까.

우리는 왜 늙는가?

몸의 특정 기능이나 기관에 문제가 생기는 질병에 비해 노화는 나이가 들면서 신체 기능이 전반적으로 저하되는 매우 복합적이며 그 효과가 광범위한 현상이다. 운행 거리가 늘어날수록 각종 부품이 마모되면서 삐걱거리는 자동차처럼 살아가는 동안 우리 몸을 이루는 세포들에서 각종 손상이 누적되어 노화가 일어난다. 하지만 정확히 세포들이 어떤 손상을 입는 것인지, 세포 수준의 손상이 어떻게 개체 차원의 노화로 이어지는지, 즉 노화의 실체가 무엇인지에 대해서는 오랫동안 가설의 영역으로 남아 있었다.

지난 수십 년 동안 진행된 노화 연구 덕분에 우리는 베일에 싸여 있던 노화의 실체를 입체적으로 파악할 수 있게 되었다. 2013년 《셀》에 발표되었으며 현재까지 7000여 회 이상 인용된 〈노화의 특징들The Hallmarks of Aging〉이라는 리

노화의 아홉 가지 특징

뷰 논문은 이전까지의 노화 연구를 집대성하여 노화의 핵심 특징을 아홉 가지로 요약하고 있다.[1] 이러한 노화의 특징들은 노화의 진행 과정에서 관찰되며 실험적으로 해당 요소를 악화시켰을 때 노화가 가속되고 반대로 실험적으로 해당 요소를 개선했을 때 노화가 지연되거나 건강 수명이 증진된다.

노화의 아홉 가지 특징을 이해하기 위해서는 젊고 건강한 세포가 원활하게 작동하는 방식에 대한 이해가 필요하다. 생물학적 관점에서 '젊음'이란 몸을 이루는 다양한 세포들이 자기 역할을 충실히 하며 다른 세포들과의 협업을 정확히 수행해내는 상태라고 할 수 있다. 이러한 세포의 활동은 유전정보의 정확한 발현 조절을 통해 이뤄진다. 세포는 DNA 속에 들어있는 '정보'를 유전자 발현 기작을 통해 RNA나 단백질처럼 특정한 기능을 수행하는 '물질'로 만들어낸다. DNA 속에 들어있는 레시피에 따라 만들어진 물질들은 촉매로서 다른 물질들을 대사하기도 하고 세포막으로 이동해 주변 환경을 감각하는 센서로 기능하며, 병원균과 맞서 싸우고 세포의 분열이나 분화를 조절하며 다른 세포들과 소통하는 데 쓰인다.

그런데 몸을 이루는 다양한 세포들은 (거의) 동일한 DNA와 유전자를 지니고 있지만 세포형에 따라, 또 환경에 따라 발현되는 유전자의 종류와 유전자 발현량이 제각기 다르다. 역동적이면서 정교하게 조절되는 '정보의 물질화' 과정은 레시피(정보)가 음식(물질)이 되는 요리 과정과 비교하면 쉽게 이해할 수 있다. 비유하자면 DNA는 온갖 레시피가 들어있는 요리책에 해당하고 세포는 가용한 재료를 이용하여 레시피에 따라 음식을 만들어내는 요리사라고 할 수 있다. 같은 요리책을 가진 세포들이 차려내는 밥상의 구성이 다양하고 변화무쌍한 이유는 때(환경)와 장소(세포형)에 따라 서로 다른 레시피들을 선택하여 요리하기 때문이라고 설명할 수 있다.

이 비유를 확장하여 노화에 적용하자면 노화는 세포가 차린 밥상의 질이 점점 떨어지는 현상이라고 볼 수 있다. 노화의 아홉 가지 특징 중 네 가지 특징(유전체 불안정성, 텔로미어 마모, 후성유전적 변화, 단백질 항상성 소실)은 왜 시간이 갈수록 음식의 질이 떨어지는지에 대한 이유를 설명해준다.

첫 번째 특징, 유전체 불안정성은 요리책 자체가 손상되는 현상을 뜻한다. 레시피를 담고 있는 유전체 DNA가 안정적으로 보존되어야만 음식의 질이 일정하게 유지될 수 있는데 나이가 드는 동안 세포 속에서 DNA가 외부의 방사선, 화학 물질이나 세포 내에서 생성된 활성산소 등에 의해 손상을 입게 된다. 즉, 요리책 자체가 찢어지거나 찢어진 부분이 잘못된 페이지에 가서 붙거나 하는 문제가 발생하여 결국 음식의 질 저하로 이어지게 된다. 두 번째 특징, 텔로미어 마모의 경우도 비슷한 방식으로 노화를 촉진한다. 분열을 거듭하는 세포는 점점 텔로미어라는 염색체 말단 DNA가 짧아지게 되는데, 노화 과정에서 지나치게 마모된 텔로미어는 염색체 융합을 일으키는 등 유전체 불안정성을 증가시킨다.

세 번째 특징, 후성유전적 변화는 요리책 자체에 문제가 생기는 유전체 불안정성과 다른 방식으로 세포의 기능을 저하시킨다. 세포의 핵 속에 위치한 DNA는 히스톤이라는 단백질에 감겨있는데 DNA를 얼마만큼 느슨하게 혹은 빡

빡하게 히스톤에 감아놓느냐에 따라서 유전자의 발현 정도가 달라질 수 있다. 유전정보 자체의 변화 없이 표현형에 영향을 주는 이러한 '후성유전적' 조절은 세포마다 읽어야 할 레시피가 어디에 있는지 표시해주는 역할을 한다. 말하자면 각 세포는 두꺼운 요리책 중에서 자신이 애용하는 레시피에 '책갈피'를 꽂아놓고 있다고 볼 수 있다. 후성유전적 변화는 바로 이러한 책갈피들의 적절한 배치가 망가지는 현상을 뜻한다. 원래 꽂혀있던 페이지에서 책갈피가 떨어져 나오고 엉뚱한 페이지에 책갈피가 끼어들면서 세포가 필요한 레시피를 정확히 읽어내지 못해 밥상이 어수선해지게 되는 것이다.

마지막으로 네 번째 특징, 단백질 항상성 소실은 요리 이후의 과정에서 문제가 생기는 현상이다. DNA와 마찬가지로 세포 내에서 만들어진 단백질 또한 손상을 입을 수 있는데 이렇게 손상된 단백질들을 제거하는 단백질 분해 작용이 젊고 건강한 세포에서는 적절하게 작동하여 '단백질 항상성'을 유지한다. 그런데 노화가 진행되면서 이러한 단백질 항상성 조절이 저하되면 세포 내에서 손상된 단백질이 누적되게 되고 그 결과 세포의 기능이 저하된다. 비유하자면 밥상에서 오래되어 상한 음식을 골라서 제거하는 과정에 문제가 생기는 일이 노화 과정에서 일어나는 것이다. 세포 내에서 점증하는 유전체 불안정성, 후성유전적 변화, 단백질 항상성 소실은 개체 수준의 노화로 이어지는 연쇄 반응을 일으키게 되는데 노화의 나머지 다섯 가지 특징이 바로 이에 해당한다. 영양분의 변화를 감지해서 반응하는 기작이 감퇴하고, 세포의 발전소인 미토콘드리아에 기능 장애가 발생하며, 텔로미어 마모 등으로 세포 노쇠가 촉진된다. 그 결과 싱싱한 세포를 공급하는 줄기세포가 고갈되고, 복잡한 시스템을 유지하기 위해 필수적인 세포 간 의사소통에 이상이 생기면서 개체 수준에서 항상성과 통합성이 저하되며 노화가 진행된다.

늙지 않는 벌레

동물들은 서로 다르게 늙는다. 어떤 동물은 재빨리 늙고 죽지만 어떤 동물은 천천히 늙고 오래오래 살아간다. 척추동물의 경우 수명이 1년도 되지 않는 아프리카 킬리피시부터 400년을 넘게 사는 그린란드 상어까지 많게는 500배가 넘는 수명의 차이를 보인다. 같은 설치류라 할지라도 마우스는 4년 남짓 살지만 벌거숭이두더지쥐는 30년 이상을 살 수 있다. 이렇게 서로 다른 수명을 지닌 동물들은 서식 환경이 다르기도 하지만 각자 DNA 속에 들어있는 유전정보에서도 상당한 차이를 나타낸다. 이는 노화가 유전자에 의해 능동적으로 조절되고 있으며 유전적인 차이에 따라 노화의 속도나 수명이 달라질 수 있음을 암시한다.

하지만 1990년대 들어 많은 노화 유전자들이 발굴되기 전까지 노화 연구는 매우 어렵거나 심지어 헛된 시도라고 여겨졌다. 수명을 두 배로 늘리는 돌연변이를 찾아낸 UC 샌프란시스코의 신시아 케니언Cynthia Kenyon 교수가 본격적으로 노화 연구를 시작할 때까지도 노화는 그저 몸이 낡고 녹스는 어찌할 수 없는 생명 현상으로 여겨졌다.

예쁜꼬마선충 유전학의 창시자인 시드니 브레너의 케임브리지 연구실에서 박사 후 연구원으로 일했던 케니언 교수는 예쁜꼬마선충이 노화 연구 모델로서 지닌 장점에 주목했다. 수명이 한 달 정도로 매우 짧고 돌연변이에 관한 유전학적 기법이 잘 정립되어 있기 때문이다. 그 당시 혹스 유전자의 발견으로 유연관계가 먼 생명체에서도 공통조상에게서 물려받은 상동 유전자, 그리고 공통적인 조절 기작이 보존되어 있다는 패러다임 전환이 생물학에서 진행되고 있기도 했다. 케니언 교수는 다른 생명 현상들처럼 노화의 이면에도 보편적인 조절 기작이 있을 것이라고 보고 이를 예쁜꼬마선충 연구를 통해 찾아내고자 했다.

예쁜꼬마선충은 노화유전학 모델로서의 도구적인 장점 외에도 노화와 연관된 매우 특별한 생물학적 특성을 지니고 있다. 바로 '다우어dauer'라고 불리는 동면 유충 상태다. 풍족한 환경에서 예쁜꼬마선충은 단 3일 만에 알에서 성충으로 성장할 수 있는데 먹이가 부족하고 경쟁이 심하며 온도가 높은 열악한 환경 속에서는 성장을 멈추고 다우어라는 동면 유충 단계로 발생하게 된다. 신기하게도 다우어는 각종 스트레스에 대한 저항성이 강해질 뿐 아니라 아무것도 먹지 않고 정상 수명에 몇 배에 해당하는 수개월 동안 생존할 수 있다. 게다가 다시 우호적인 환경에 놓이게 되면 다우어는 동면 상태를 빠져나와 성충으로 발생하게 되는데, 이미 자신의 수명보다 더 긴 시기를 다우어로 살았음에도 불구하고 또 다시 제 수명을 채워 살아간다. 즉 다우어 시기는 늙지 않는 '항노화' 상태라고 볼 수 있다.

어떤 유전자가 예쁜꼬마선충을 늙지 않는 다우어로 만들 수 있다면, 그 유전자는 다우어가 아니라 발생을 완료한 성체의 수명도 늘릴 수 있을까? 케니언 교수는 이 질문을 안고 다우어 발생을 조절하는 유전자에 돌연변이가 발생한 벌레들의 수명을 측정하는 실험을 진행했다.[2] *daf-2*, *daf-7*, *daf-11*, *daf-14*(daf는 다우어 형성dauer formation의 약자) 네 가지 유전자에 대한 돌연변이 실험에서 *daf-2*를 제외한 세 가지 유전자는 수명에 아무런 영향을 미치지 않았다. 반면 *daf-2*의 돌연변이에서는 놀랍게도 성체의 수명이 두 배가 넘게 길어진 것이 확인됐다. 게다가 돌연변이 벌레들은 초주검 상태로 겨우 생을 연명하는 것이 아니라 노화 자체가 지연된 것처럼 보였다. 케니언 교수의 표현을 빌리자면 "그것은 마법

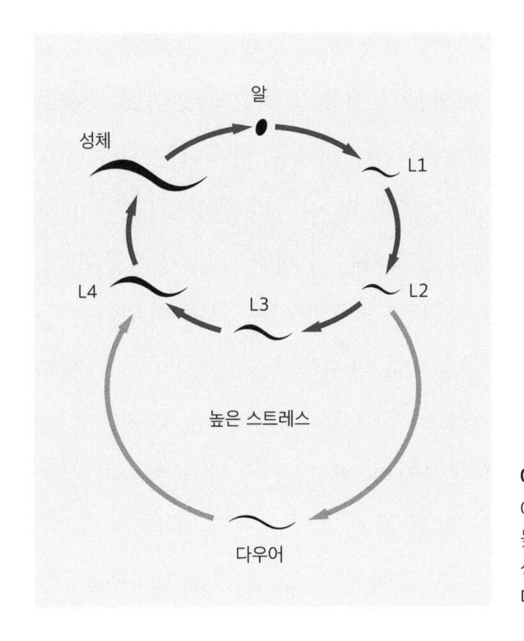

예쁜꼬마선충의 생활사
예쁜꼬마선충은 높은 스트레스를 받으면 성장을 멈추고 다우어 상태로 들어간다.

같았지만 동시에 조금 오싹하기도 했다. 죽어있어야 할 벌레들이 살아 움직이고 있었다." 이 연구 결과는 1993년《네이처》에 〈수명이 두 배로 늘어난 돌연변이 예쁜꼬마선충A C. *elegans* mutant that lives twice as long as wild type〉이라는 논문으로 발표된다.

노화는 수많은 유전자가 관여하는 복잡한 현상이라는 것이 일반적인 통념이었기에 유전자 하나가 수명을 두 배로 늘리고 노화도 지연시킬 수 있다는 발견은 말 그대로 센세이셔널했다. 그리고 1997년 *daf-2* 유전자의 염기서열이 밝혀지면서 더 놀라운 비밀이 밝혀진다. *daf-2* 유전자는 다우어라는 선충 특이적인 발생 현상을 조절하는 유전자인데 염기서열을 확인해보니 인간에게도 잘 보존된 '인슐린 수용체' 유전자임이 밝혀진 것이다.[3] 생물학자뿐만 아니라 일반인에게도 친숙한 인슐린 호르몬 체계가 노화를 조절하고 있다는 증거가 예쁜꼬마선충에서 최초로 발견된 후 초파리와 포유류, 그리고 인간에서도 인슐린 체계가 노화와 관련되어 있음이 확인되었다. *daf-2*의 상동 유전자에 해당하는 인간의 IGF-1 수용체의 기능이 손상된 돌연변이가 100세를 넘긴 장수 집단에서 빈번히 발견된다는 보고를 포함하여 다양한 인구 집단에서 노화와 연관된 인슐린 체계 유전변이들이 발굴되었다.[4]

인슐린 호르몬은 잘 알려져 있다시피 체내의 영양 상태를 조절하는 데 핵심적인 기능을 한다. 이는 인슐린 관련 유전자의 노화 조절 기능이 영양과 깊은 관련이 있음을 함의한다. 사실 영양과 노화 사이의 관계는 매우 오래전부터 알려져 있었다. 이미 1935년에 칼로리를 줄이는 것이 수명을 연장할 수 있다는 관찰이 보고되었고 현재까지 연구된 모든 동물에서 공통으로 수명 연장 효과가 있다고 입증된 것이 바로 '소식'이기 때문이다. 게다가 애초에 *daf-2* 유전자를 가진 예쁜꼬마선충의 다우어 발생은 먹이가 부족한 조건에서 섭식을 중단하게 되는 현상이기도 하다. 이어진 연구들에서 실제로 인슐린 조절 체계가 소식에 의한 장수 효과를 매개

한다는 연구 결과들이 발표되었다.[5]

한편 우리 몸에는 인슐린 조절 체계 외에도 영양 감지를 조절하는 다른 신호 전달 체계들이 존재하는데 TOR, AMPK와 같은 이러한 영양 감지 조절 체계들 또한 수명 조절에 관여하고 있음이 밝혀졌다.[6] 그중에서도 TOR 조절 체계는 라파마이신이라는 약물과의 관련성 때문에 큰 주목을 받았다. 소식을 하면 TOR 유전자의 활성이 억제되는데 TOR의 활성은 라파마이신이라는 약물로도 억제할 수 있다(사실 TOR라는 이름 자체가 라파마이신의 표적Target of Rapamycin이라는 뜻이다). 그리고 실제로 라파마이신을 처리했을 때, 동물들이 마치 소식을 한 것처럼 수명이 연장된다는 사실이 관찰됐다.[7] 소식이라는 장수의 비법을 모방할 수 있는 '묘약'을 찾아낸 것이다.

*daf-2*라는 장수 유전자에서 라파마이신이라는 소식 모방 묘약의 발견까지, 숨 가쁘게 진행된 노화 연구는 우리에게 불로장생에 대한 새로운 통찰을 가져다주었다. 노화는 어찌할 수 없는 불가피한 현상이 아니며 이를 조절할 수 있는 유전자들이 우리 DNA 속에 이미 들어있다는 것, 달리 말해 모두가 불로장생의 잠재력을 지니고 있다는 사실을 깨닫게 되었다. 더 나아가 인슐린이나 TOR 조절 체계처럼 수명을 조절하는 신호 전달 체계를 규명하고 이를 소식이나 라파마이신 등의 약물을 통해 그 활성을 변화시킬 방법을 발견한

덕분에 이제 노화를 지연시키는 구체적인 항노화 방안을 꿈꿀 수 있게 되었다.

항노화를 넘어 역노화로

*daf-2*를 비롯한 장수 유전자의 발견은 노화의 시계를 천천히 흐르게끔 하는 것이 가능하다는 것을 입증했다. 그런데 노화 연구자들은 노화를 늦추는 '항노화'를 넘어 시계를 거꾸로 되돌리는 '역노화', 즉 회춘을 실현할 방안을 모색하고 있다.

타임머신처럼 SF에서나 등장할 법한 역노화는 사실 가만히 생각해보면 모든 다세포 생물에서 일어나는 보편적인 현상이다. 엄마의 난자와 아빠의 정자가 만나서 결합하는 수정의 순간에 나이가 0으로 '리셋'되기 때문이다. 예컨대 얼마 전 아기를 낳은 어떤 동갑내기 부부의 나이가 서른, 양가 부모님의 나이가 모두 예순이라고 가정해보자. 이때 아기와 아기의 부모, 조부모 3대의 나이는 30년씩 차이가 나지만 조부모의 수정란을 기준으로 3대의 몸을 이루는 세포들의 나이는 모두 동일하다고 할 수 있다. 조부모의 몸에서 다른 세포들과 동일한 시간을 겪은 난자와 정자가 수정하여 부모의 몸을 이루고 같은 과정을 거쳐 아기의 몸이 만들어졌기 때문이다. 그런데도 조부모는 예순의 몸을, 부모는 서른의 몸을, 아이는 0세의 몸을 지니게 되는 건 노화가 거꾸로 돌이킬 수 있는 '가역적인' 과정임을 암시한다. 그렇다면 어떻게 서른 살의 난자와 서른 살의 정자가 만나 0세의 수정란이 되는 것일까? 수정란에서 나이가 리셋되는 비밀을 알아낼 수 있다면 이를 늙은 몸을 회춘시키는데 적용할 수 있을까?

사실 난자와 정자가 만나는 순간에 리셋되는 것은 나이만이 아니다. 세포의 '운명' 또한 리셋되기 때문이다. 다세포 생물의 생활사를 세포 수준에서 들여다보면 다음과 같은 일이 끊임없이 일어난다. 난자와 정자의 결합으로 수정란이 형성되고 수정란이 분열과 분화를 거듭하여 성체로 발생해 나가며 다양한 종류의 세포를 만들어낸다. 이러한 발생 과정은 세포의 수준에서 보자면 '운명'이 실현되는 과정이라고 할 수 있다. 예컨대 수정란의 분열을 통해 만들어진 무수히 많은 세포는 신경세포, 근육세포, 혈액세포, 상피세포 등으로 분화하며 수정란에 잠재되어 있던 여러 운명 중 하나를 실현하게 된다. 난자와 정자 또한 생식세포라는 특정한 운명을 실현한 세포라고 할 수 있다. 따라서 수정이란 수정란에서 난자 혹은 정자에 이르는 운명의 실현 과정이 완전히 초기화되는 사건이다. 발생학적으로 표현하자면 분화 상태의 생식세포가 만나 완전한 미분화 상태의 수정란을 형성하는 것이다.

복제 양 돌리로 상징되는 체세포 복제 혹은 체세포 핵 치환의 성공은 수정란의 특별한 능력이 생식 세포의 구성 요소 중에서도 난자의 세포질에 있음을 보여주었다. 체세포 핵 치환 기술은 난자에서 핵을 제거하고 그 대신 피부세포처럼 이미 분화가 완료된 체세포의 핵을 도입하여 복제동물을 만들어내는 기술이다. 따라서 이 기술의 성공, 즉 체세포 제공 개체와 동일한 유전자를 지닌 복제동물의 탄생은 난자의 세포질 속에 세포의 운명을 리셋시키는 무언가가 들어있음을 뜻한다.

유도만능줄기세포induced pluripotent stem cell, iPSC의 발명은 세포의 운명을 바꾸는 방법이 생각보다 훨씬 간단하다는 것을 알려준 혁명적인 사건이었다. 줄기세포는 분화를 마쳐 운명이 고정된 다른 세포들과 달리 여러 종류의 세포를 만들어낼 수 있는 다분화능 혹은 전분화능을 지니고 있다. 일본 교토대학교의 야마나카 신야山中伸彌 교수는 분화가 완료된 체세포를 전분화능을 지닌 줄기세포로 만드는 마법과 같은 일이 *Oct4*, *Sox2*, *Klf4*, *c-Myc*과 같은 소수의 유전자(네 유전자의 첫 글자를 따서 OSKM 혹은 야마나카 팩터Yamanaka factors라고도 부른다)를 발현시키는 비교적 간단한 방법을 통해 달성될 수 있음을 최초로 확인했다.[8] 분화된 세포의 시계를 거꾸로 돌려 전분화능을 살려낼 수 있음을 입증한 체세포 핵 치환 기술을 처음으로 실현한 존 거던 경Sir

John Bertrand Gurdon과 유도만능줄기세포 발명자인 신야 교수는 2012년 공동으로 노벨 생리의학상을 수상하게 된다.

유도만능줄기세포의 발명은 노화 연구자들에게도 중요한 영감을 제공했다. 유도만능줄기세포에서도 체세포 핵 치환처럼 발생의 운명뿐만 아니라 세포의 나이 또한 리셋되어 회춘하는 현상이 확인되었다.[9] 즉, 몇 가지 유전자의 활동을 변화시키면 노화를 지연시킬 수 있을 뿐만 아니라 노화를 돌이킬 수 있다는 사실이 입증된 것이다.

하지만 역노화 기술과 유도만능줄기세포 기술은 그 목표에 있어서 중요한 차이가 있다. 유도만능줄기세포 기술은 본질적으로 분화 상태에서 벗어나게 하는 탈분화 작업이기 때문이다. 즉 세포의 나이를 젊게 만들 뿐만 아니라 세포의 '운명' 또한 분화 이전 상태로 되돌려버린다. 달리 말해 세포는 어려질 뿐만 아니라 자신의 능력까지 상실하게 되는 것이다. 따라서 세포들이 자신의 기능을 정상적으로 수행하게끔 만드는 역노화 기술을 실현하기 위해서는 회춘을 탈분화로부터 분리하여 적용할 수 있어야 했다.

뱀파이어의 비밀

2005년, 미국 스탠퍼드대학교의 토머스 랜도Thoams

Rando 교수 연구팀은 섬뜩한 방식으로 탈분화 없이 회춘을 실현한 연구 결과를 《네이처》에 발표한다.[10] 지금으로부터 160여 년 전인 1863년 프랑스 생리학자인 폴 베르Paul Bert는 두 마리의 쥐를 수술을 통해 접합시켜 서로의 체액을 공유하게 하는 패러바이오시스 시술을 최초로 성공시킨다. 랜도 교수 연구팀은 이 오래된 기술로 젊은 생쥐와 늙은 생쥐의 혈관을 이어붙여 말 그대로 늙은 개체에게 젊은 피를 수혈하는 실험을 진행한다. 그 결과 늙은 세포가 마치 뱀파이어처럼 회춘한다는 놀라운 사실을 확인하게 된다. 이 기념비적인 연구 이후 패러바이오시스를 통해 근육, 간, 뇌, 심장 등의 회춘을 확인한 연구 결과들이 쏟아져 나왔고[11] 회춘한 세포들에서 유도만능줄기세포처럼 분화 상태가 리셋되어 버리는 문제는 나타나지 않아 발생의 운명과 노화의 운명이 분리될 수 있음이 확인되었다.

패러바이오시스 연구는 '시스템 환경'이 노화에 매우 중요한 역할을 하고 있다는 통찰을 제공한다. 인간의 몸은 다양한 장기로 구성된 복잡한 '시스템'이다. 여기서 혈액은 모든 장기를 감싸고 있는 대표적인 시스템 환경이라고 할 수 있다. 우리 몸은 모든 세포가 생존을 위해 필요한 영양소와 산소를 공급하는 혈액을 몸 구석구석 흐르게 하는 순환계를 갖추고 있다. 따라서 혈액 속 무엇인가가 변한다는 것은 몸의 모든 부분, 즉 전체 시스템이 그러한 변화에 노출된

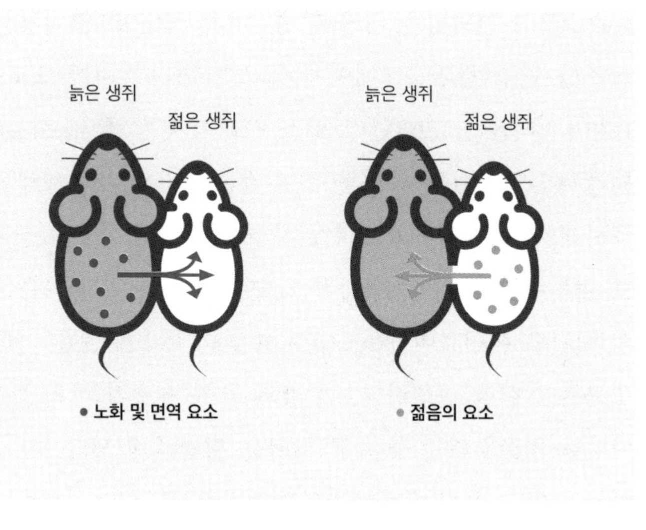

패러바이오시스를 이용한 수혈 실험

다는 의미이다. 당뇨병이 매우 심각한 질병인 이유도 여기에 있다. 혈당 수치가 비정상적으로 높아지게 되면 모든 장기가 끈적끈적하고 지나치게 달콤한 피의 영향을 받게 되고 각종 합병증으로 이어지게 된다.

한편 순환계는 온몸에 연료를 공급하는 송유관인 동시에 수많은 세포를 하나의 유기적인 시스템으로서 연결하여 개체의 통합성과 항상성을 유지할 수 있도록 하는 통신망이기도 하다. 그리고 우리 DNA 속에는 이 통신망을 이용할 수 있는 신호(호르몬)와 이를 해석할 수 있는 해독 체계(신호전달 체계)가 내재되어 있다. 예컨대 식후에 높아진 혈당 수치가 다시 낮아지는 이유는 바로 인슐린 유전자로부터 합성된 인슐린 단백질(신호)이 이자에서 분비되어 순환계를 통해 각종 장기의 인슐린 신호 전달 체계(해독 체계)를 활성화하여 혈당을 낮추는 기능을 수행하게끔 하기 때문이다. 반대로 혈당 수치가 떨어지게 되면 또 다른 유전자에서 만들어진 글루카곤 단백질이 혈액으로 분비되어 반대 방향의 반응을 촉진한다. 요컨대 인간의 DNA로부터 합성되어 혈액을 통해 순환하는 '신호'는 혈당과 같은 대사 물질들과 함께 시스템 환경을 이루는 중요한 구성 요소라고 할 수 있다.

패러바이오시스 연구는 밥을 먹기 전과 후에 혈당이라는 시스템 환경 요소에 변화가 생기는 것처럼 나이에 따라서도 모종의 시스템 환경이 변화한다는 것을 입증한 중요한 발견이었다. 더 구체적으로는 (1) 혈액 속에 나이에 따라 변화하는 젊음 혹은 노화와 관련된 신호가 있으며 (2) 혈액 속의 신호에 반응하여 세포를 늙게 혹은 젊게 만들 수 있는 신호 전달 체계가 있음을 암시했다. 이는 앞서 살펴본 노화의 특징 중 아홉 번째 특징인 세포 간 의사소통의 변화가 노화의 '산물'이 아니라 '원인'으로 작용하고 있다는 새로운 관점이기도 하다. 달리 말해 개체가 늙어서 피가 늙는 것이 아니라 피가 늙어 개체가 늙게 된다는 관점의 전환이라고 할 수 있다(어쩌면 뱀파이어는 이 비밀을 일찍이 깨우친 존재일지도 모른다). 몸속에서 일어나는 세포들 사이의 대화를 '젊게'

만들어주면 늙은 세포들이 젊어질 수 있음을 패러바이오시스 실험이 입증하자 자연스럽게 노화와 관련된 세포 간 대화의 실체를 밝혀내려는 연구가 이어졌다.

후속 연구는 두 가지 가설적 신호, 즉 젊은 핏속에 들어있는 세포를 젊게 만드는 신호(회춘 촉진 신호)와 늙은 핏속에 들어있는 세포를 늙게 만드는 신호(노화 촉진 신호)를 찾아내고자 했다. 패러바이오시스를 통해 젊은 피와 늙은 피가 섞였을 때 회춘 촉진 신호가 늙은 세포들을 회춘시키는지 또는 노화 촉진 신호가 희석되면서 세포들을 늙게 만드는 기작이 작동하지 않게 되어 세포들이 회춘하는지를 확인하는 실험들이 진행되었고 그 결과 혈액 속에는 두 종류의 신호들이 모두 존재함이 확인되었다. 노화 촉진 신호인 CCL11과 β2-마이크로글로불린의 경우 노화가 진행되며 혈액 내에서 증가하면서 생쥐의 인지 기능 등을 떨어뜨리는 현상이 관찰되었고[12·13] 반대로 나이에 따라 줄어드는 회춘 촉진 신호인 GDF11, 옥시토신, TIMP2 등이 조직을 회춘시킬 수 있음이 밝혀졌다.[14-16] 연구자들은 아직 밝혀지지 않은 노화 촉진 신호와 회춘 촉진 신호를 찾아내기 위한 노력을 계속 기울이는 동시에 이들이 언제 어디에서 만들어지는지, 세포들이 혈액 속 회춘/노화 신호를 어떻게 해석하여 세포의 활력을 변화시키는지에 대해 연구해나가고 있다. 이러한 연구들은 궁극적으로 개별 세포 수준을 넘어 시스템 차원에서 노화가 무엇인지를 이해하고 시스템적인 접근을 통해 노화에 대항할 수 있는 길을 열어줄 것이다.

흥미롭게도 패러바이오시스와 혈액 노화인자에 대한 연구는 장수 유전자에 대한 연구와 비슷한 통찰을 제공하고 있다. 혈액 속을 흘러 다니며 우리를 젊게 혹은 늙게 만드는 물질이 바로 우리 DNA로부터 만들어진 물질이라는 것이다. 어쩌면 회춘의 유전학이 우리에게 알려주는 가장 중요한 통찰은 불로장생의 길이 바다 건너 신선들이 사는 곳에서 자라는 전설의 불로초에 있는 것이 아니라, 우리 모두의 DNA 속에 이미 뻗어 있다는 것이 아닐까.

노화는 자연선택의 산물이다?
노화진화 이론을 제창한 진화생물학자 조지 윌리엄스

1957년 미시간주립대학교에 부임한 진화생물학자 조지 윌리엄스는 그 해 <다면발현, 자연선택, 그리고 노화의 진화Pleiotropy, Natural selection, and the Evolution of Senescence>라는 기념비적인 논문을 발표한다. 이 논문에서 윌리엄스는 한 가지 변이가 여러 가지 표현형 효과를 일으키는 현상인 '다면발현'이라는 핵심 개념을 통해 노화는 기계의 부품이 닳아서 망가지는 과정과 다르다고 설명했다.

수명을 줄이는 유전변이가 생겨났다고 해보자. 이러한 변이는 해로워서 자연선택이 걸러낼 것 같지만 개체의 생식력에 영향을 주지 않는다면 선택압을 받지 않는다. 수명이 짧아진 개체가 보통 개체와 똑같은 숫자의 자손을 낳는다면 변이의 빈도가 세대가 지나도 변하지 않기 때문이다(오히려 생식하지 않는 늙은 개체가 오래 살아남아 다음 세대가 이용할 자원을 축낸다면 이는 적응도의 감소로 이어질 수 있다). 사실 극단적으로 표현하자면 생식이 끝난 늙은 개체를 위한 자연선택은 없다.

그런데 만일 수명은 줄이지만 생식력을 증가시키는 변이가 있다면 어떤 일이 일어날까? 인간의 관점에서는 잔인하게 들릴지 모르지만 자연선택은 그러한 변이를 퍼뜨리게 되어 있다. 이처럼 개체 수준에서 이로운 효과와 해로운 효과를 동시에 일으키는 다면발현 효과를 길항적 다면발현 효과라고 한다. 윌리엄스는 길항적 다면발현 효과를 일으키는 변이들의 자연선택을 통해 노화가 적응으로서 진화했을 것이라는 이론을 제안했고 이는 이후 이어진 많은 노화 연구를 통해 뒷받침되었다.

노화진화 이론은 역노화에 관해 흥미로운 질문을 제기한다. 우리의 몸이 젊을 때 최대의 생식 능력을 발휘하고 늙은 후에는 그 대가를 치르도록

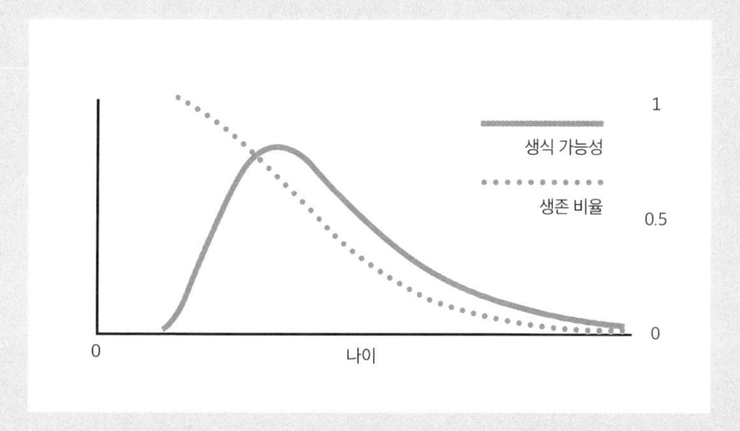

점선으로 표현된 생존 비율에서 보듯 노화가 없다고 가정해도 개체는 매년 일정 비율로 사고나 포식 등의 원인으로 사망한다. 반면에 생식 가능성은 급격히 올라갔다가 서서히 떨어진다. 따라서 자연선택은 어떤 유전자가 생애 후반에 노화와 각종 질병을 일으켜도 생애 초반에 생식 가능성을 높인다면 그런 유전자를 선호할 수 있다.

COMMENT OBITUARY

George C. Williams

(1926–2010)

Incisive thinker who influenced a generation of evolutionary biologists.

In 1978, at the age of 52, the great evolutionary theorist George C. Williams began to chronicle his own senescence, recording once a year how long it took to run 1,700 metres round a track in Stony Brook, New York. Williams presented the graph of his 12 years of slowing speed at his acceptance speech for the Crafoord Prize in Bioscience that he shared with Ernst Mayr and John Maynard Smith in 1999. He later published it in *The Quarterly Review of Biology*, with which he was involved for 32 years. The plot encapsulated his lifelong fascination: why do we decline with age?

Williams died on 8 September, aged 84. Little known to the public, this tall, reserved man with an Abraham Lincoln beard will be remembered by evolutionary biologists as one of the most incisive thinkers of the twentieth century. His major contribution, the theory of gene-level natural selection, left a profound and enduring stamp on fields from sociobiology and evolutionary psychology to behavioural ecology. He spoke slowly and little, but when he spoke, you listened: his words were full of insight and flashes of dry wit.

GENE-LEVEL SELECTION

After a stint in the US Army, working on a water purification plant in Italy during the Second World War, Williams finished his BA in zoology at the University of California, Berkeley in 1949. He got his PhD from the University of California, Los Angeles in 1955 for work on the ecology of the blenny — a type of fish. There followed a postdoc at the University of Chicago and an assistant professorship at Michigan State University. In

be expected to persist and even increase in abundance as long as, on balance, they boost an individual's fitness. He also pointed out that selection should be weaker in older age because fewer individuals are alive to be subject to it — an idea for which Williams shares credit with Peter Medawar.

The dominant narrative of early 1960s evolutionary biology was that natural selection acts at the level of the group or even for 'the good of the species'. Even death was explained in a group-selectionist light — as creating space for the next generation. Williams skewered this thinking, which he felt

genetics in social behaviour, even of humans. And Richard Dawkins's 1976 book *The Selfish Gene* popularized some of Williams's ideas. That said, gene-level selection and inclusive fitness were not universally accepted then, and still meet with occasional criticism — notably from researchers trying to explain altruism and eusociality, for example. These ideas remain, nonetheless, cornerstones of modern biological theory.

MEDIA SERVICES, STONY BROOK UNIV.

COMPETITION NOT COOPERATION

Williams made further influential contributions. With his 1975 book *Sex and Evolution*, he was among the first to offer explanations for the puzzling prevalence of sexual reproduction. He pointed out that it is yet another example of competition, not cooperation, being the dominant force in evolution — with genes from each parent battling for influence within the same genome. (He saw a bright future for the fields of genetic imprinting and epigenetics.)

Williams went even further with his reductionist view of natural selection in *Natural Selection: Domains, Levels and Challenges*, his 1992 book about information and matter. He pointed out that what is of importance in evolution is the information that is contained in genes, genotypes and gene pools, not the physical objects — a position reminiscent of Dawkins's 'meme' concept.

Williams returned late in life to his abiding concern — ageing. In 1994 he wrote the book *Why We Get Sick: the New Science of Darwinian Medicine* with the

"He spoke slowly and little, but when he spoke, you listened: his words were full

조지 윌리엄스는 노화진화 이론을 비롯해 진화생물학 분야에 수많은 업적을 남겼다. 2010년 타계했을 때 《네이처》는 그를 기리는 부고 기사를 발행했다. ©Nature

유전적으로 설계되어 있다면 이를 인위적으로 거꾸로 돌리는 것이 가능할까? 사실 길항적 다면발현이 노화의 주요 원인이라면 오히려 역노화를 실현하는 것이 더 용이하다고 볼 수 있다. 만약 노화가 기계의 부품이 닳는 것처럼 풍화에 가까운 현상이라면 몸의 기관들을 다 갈아끼우지 않는 이상 노화를 되돌리기 어려울 것이다. 하지만 특정 유전자의 작용으로 인해 노화가 촉진된다면 해당 유전자의 활성을 인위적으로 조절하여 노화를 지연시키거나 역전시킬 수 있다. 실제로 많은 연구 결과가 약물을 이용하거나 유전적으로 이러한 유전자들을 조절했을 때 개체의 수명이 변할 수 있음을 보고하고 있다. 말하자면 윌리엄스는 노화를 '어쩔 수 없는' 물리적 현상이 아니라 오히려 인간의 힘이 개입할 여지가 있는 '어쩔 수 있는' 진화적 산물이라는 관점을 제공해준 것이다.

10

무법자 세포의 진화

암의 유전학과 암과의 전쟁

이것이 불멸의 신 아래에서 우리의 평화와 안전을 지켜 주는 유한한 신, '리바이어던'의 탄생이다.

—토머스 홉스Thomas Hobbes, 《리바이어던Leviathan》, 17장 〈국가의 기원, 발생, 정의에 관하여〉 중에서

아무런 법이 존재하지 않는 세상. 누군가 내 생명과 재산을 언제든 빼앗을 수 있고 나 또한 누군가의 목숨과 재물을 빼앗을 수 있다면 세상은 어떻게 될까. 욕망을 실현하기 위한 폭력에 제한이 없는 그런 상태에서 아마도 인간 세계는 '만인의 만인에 대한 전쟁터'가 될지 모른다. 영국의 정치철학자 토머스 홉스는 이러한 '자연 상태'에서 벗어나기 위해 인간은 자기 자신을 다스릴 권리를 포기하고 이를 주권자에게 양도하는 계약을 맺음으로써 국가라는 괴물, 즉 '리바이어던(성경에 등장하는 상상 속의 괴물)'을 만들어냈다고 설명했다. 시민에게 위임받은 강력한 권력을 바탕으로 정부와 주권자는 외부 침입과 내부의 범죄로부터 시민을 보호하

며 시민은 자연 상태에서 벗어난 공동체를 실현하기 위해 국가의 법을 따른다. 그 결과 리바이어던의 몸을 이룬 시민들은 만인에 대한 전쟁에 삶의 모든 에너지를 소모하는 대신 생산적인 활동에 집중할 수 있게 된다.

다세포 생물의 탄생: 자연 상태에서 사회 계약으로

단세포 생물의 세계는 홉스가 말한 자연 상태와 흡사하다. 단세포 생물에서 세포는 곧 하나의 개체이며 모든 세포는 모든 세포에 대해 경쟁 혹은 전쟁 상태에 있다. 더 빨리 증식하는 세포가 자원을 차지하고 번성한다. 다세포 생물은 그런 세계에서 출현한 리바이어던, 즉 세포들이 이룬 '국가'다. 눈에 보이지 않는 작은 단세포 생물의 입장에서 보자면 다세포 생물은 말 그대로 리바이어던(괴물)과 같을 것이다. 수십 미터의 높이로 자라나는 나무, 그런 나무의 이파리를 따서 먹는 거대한 공룡, 바다 깊은 곳에서 음파로 대화하며 헤엄치는 고래, 수만 킬로미터를 비행하는 철새 등 다세포 생물은 마치 국가가 개인이 할 수 없는 일을 해내듯 단세포 생물이 감히 엄두를 내지 못하는 방식으로 살아간다. 그렇게 세포들의 리바이어던, 다세포 생물은 지구의 풍경을 완전히 뒤바꾸어 놓았다.

다세포성은 세포들과 경쟁하는 대신 세포들과 협력하는 정반대 방식으로 유전자를 퍼뜨리는 혁명적인 발명이다. 단세포 생물이 자신의 유전자를 퍼뜨리려면 스스로 분열하여 증식하는 수밖에 없다. 달리 말해 단세포 생물에서는 세포 그 자체가 개체의 유일한 생식 기관이다. 반면 다세포 생물은 '분업'을 통해 대다수의 세포를 생식이라는 임무로부터 해방한다. 모든 세포가 직접 생식에 나서는 대신 생식세포라는 전문화된 세포에게 그 역할을 맡기고 개체의 번식을 통해 유전자를 보존하고 퍼뜨린다. 그 덕분에 생식에서 해방된 세포들은 개체의 성공(생존과 번식)을 높일 수 있는 창의적이고 전문화된 임무를 발달시켜 나갈 수 있게 되었다. 단세포 생물이나 다른 다세포 생물을 사냥하는 기구를 만들어내고, 골격과 보호막을 구성하여 단단하고 커다란 몸집을 형성하며, 운동 기관을 통해 개체의 이동성을 높이고 더 효과적으로 양분을 이용하는 소화 기관을 구축해냈다.

그렇다면 다세포 생물은 어떻게 세포들의 공동체를 꾸리고 분업을 달성할까? 국가의 헌법에 사회계약에 대한 내용이 담겨있는 것처럼 다세포 생물의 DNA 속에도 얼마나 많은 세포가 어떻게 공동체를 이루고 일을 나눌지에 대한 계약이 담겨있다. 다세포 생물의 발생은 이 계약에 따라 적정한 수의 세포를 만들어내고 적절한 역할을 나눠 맡게 하는 과정이다. 생식세포를 통해 유전자를 퍼뜨리는 일을 성공시키기 위해선 세포들이 발생을 통해 각자에게 주어진 역할을 성실히 수행하며 서로 협력해야 한다. 신경세포는 신경세포의 일을, 면역세포는 면역세포의 일을 다 해야 한다.

하지만 인간 사회에서 자신의 욕망을 실현하고자 법을 위반하는 범죄자가 있는 것처럼 다세포 생물에서도 세포 공동체를 수렁에 빠뜨리는 범죄가 일어난다. 바로 '암'이다. 암세포는 세포 공동체의 배신자다. 개체의 성공을 위해 함께 힘을 합치기로 한 약속을 저버리고, 오로지 자기 증식에 골몰한다. 무한히 증식하는 암세포는 '만인의 만인에 대한 투쟁'을 촉발하며 리바이어던(다세포 생물 개체)이 몰아냈던 자연 상태(세포 간 무한 경쟁 상태)를 다시 소환한다. 가장 잔혹한 범죄 집단이 어둠의 세계를 접수하듯 시간이 흐를수록 더 악랄한 암세포가 더 많은 자원을 차지하고 더 빨리 수를 늘린다. 마침내 전이를 통해 온몸을 영토로 삼게 된 무법자들은 세포들의 공동체, 리바이어던을 결국 죽음에 이르게 한다.

배신자의 진화

암세포는 왜 그리고 어떻게 출현하는 것일까? 결론부터 말하자면 다세포 생물의 몸에서 끊임없이 작용하는 진화의 압력 때문이다. 변이와 경쟁으로 생식의 차별적 성공이 이뤄지는 곳에서 자연선택에 의한 진화는 필연적으로 진행된다. 다세포 생물의 몸은 바로 이 조건을 완벽히 충족한다. 체세포들은 같은 수정란에서 만들어진 '클론'임에도 불구하고 서로 다른 DNA를 지닐 수 있다. DNA 복제 과정에서 생기는 오류, 방사선, 활성산소, 화학 물질 등으로 인한 손상으로 DNA 염기서열이 변화하는 돌연변이가 발생하기 때문이다. 여기서 그치지 않는다. DNA 메틸화와 염색질을 구성하는 히스톤 단백질의 변화 등을 통한 후성유전적 변이가 일어나기도 한다.

문제는 변이 중 일부는 세포 증식을 증가시키며 이러한 변이를 획득하여 주어진 의무를 저버리고 세력 확장에 골몰하는 세포들이 몸속에서 더 높은 적응도를 지닌다는 것이다. 즉 나쁜 세포가 착한 세포보다 더 큰 생식적 성공을 거둔다. 세포의 생식적 성공은 곧 세포의 분열이다. 다세포 생물의 DNA 속에는 무분별한 세포의 증식을 통제하는 다양한 조절 기제가 담겨있는데, 이러한 규제를 무시하는 나쁜 클론(세포)일수록 더 높은 적응도를 획득하고 더 많이 증식하게 되는 클론성 진화가 필연적으로 진행된다.[1] 더 나아가 복권을 많이 살수록 당첨될 확률이 높아지는 것처럼 나쁜 클론이 많아질수록 세포 증식에 기여하는 또 다른 변이를 획득할 확률은 더 높아진다. 나쁜 클론이 많아질수록 더 나쁜 클론이 쉽게 출현하고 더 나쁜 클론이 덜 나쁜 클론의 세력을 압도하며 암을 향해 나아가는 클론성 진화는 마치 바위가 비탈길을 굴러 내려올 때 가속되는 것처럼 진행된다.

다세포 생물의 DNA 속에는 무분별한 세포 증식을 통제하는 다양한 유전자가 담겨있다. 이러한 유전자들의 작용은 언제, 어디서 세포들이 증식할지를 규제하며 이런 규제를 어긴 세포들을 어떻게 처분할지를 결정한다. 암은 세포 증식에 대한 이러한 감시, 규제, 처벌을 하나씩 무너뜨리면서 진화해간다. 따라서 암의 진화를 이해하기 위해서는 다세포 생물의 유전자들이 어떻게 몸을 구성하는 세포들의 증식을 조절하는지, 암은 어떻게 변이를 통해 그러한 조절 기제를 회피하거나 무력화하는지를 알아내야 한다.

21세기가 시작되자마자 《셀》에 암생물학 분야의 기념비적인 리뷰 논문, 〈암의 특징들The Hallmarks of Cancer〉(2000)이 발표된다. 이 논문에서 저자 더글러스 해너핸Douglas Hanahan과 로버트 와인버그Robert Weinberg는 이전까지의 암 연구를 종합하여 정상 세포가 암으로 진화하기 위해서는 여섯 가지의 필수적인 전환이 필요하다고 요약했다.[2] 이 논문은 현재까지 3만 번 이상 인용되며 '암이란 무엇인가'라는 문제에 접근하는 중요한 개념 틀을 제공했다.

우리가 건널목에서 빨간불에는 멈추고 파란불에 길을 건너는 것처럼 다세포 생물의 세포 분열 또한 신호의 통제를 받는다. 성장 촉진 신호는 '파란불', 성장 억제 신호는 '빨

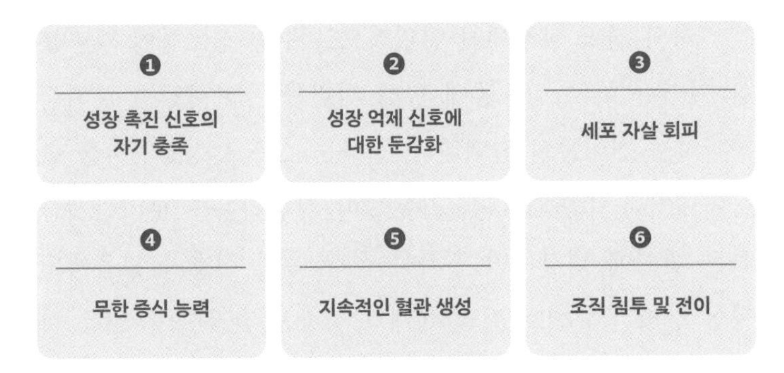

암의 여섯 가지 특징

간불'에 해당하며 이러한 신호를 생성하는 유전자들이 다세포 생물의 DNA 속에 담겨 있다. 복잡한 대도시에서 무수히 많은 신호등이 체계적으로 작동하여 교통의 흐름을 조절하는 것처럼 다세포 생물의 몸에서 성장 촉진 신호와 성장 억제 신호는 정확한 때와 장소에서 만들어지고 전달되어 조직을 이루는 세포의 분열을 통제한다.

이와 동시에 세포 속에는 성장 촉진 신호와 성장 억제 신호를 감지할 수 있는 감지기와 신호를 해석하는 신호 전달 체계가 쉴 새 없이 세포 안팎의 신호 정보를 종합하여 분열 여부를 결정한다. 따라서 무한히 증식하는 암세포가 되기 위해서는 세포 분열을 조절하는 신호 체계의 통제를 벗어나거나 이를 조작해야 한다. 암의 두 가지 특징, '성장 촉진 신호의 자기 충족'과 '성장 억제 신호에 대한 둔감화'는 바로 여기에 해당하는 전환이다.

암의 진화 과정에선 인위적으로 주변 신호등에 파란불을 켜거나 마치 신호등에 항상 파란불이 켜져있는 것처럼 착각하는 변이들이 선택된다. 전자는 스스로 성장인자를 만들어내거나 주변의 다른 세포들이 성장인자를 분비하게끔 하는 변이에 해당하며 후자는 성장 촉진 신호가 없음에도 항상 감지기와 신호 전달 체계가 성장 촉진 신호를 받은 것처럼 활성화되는 변이에 해당한다. 예를 들어 피부암의 일종인 흑색종에서는 약 40퍼센트의 빈도로 B-Raf라는 단백질의 구조를 변화시키는 돌연변이가 발견되는데 이는 성장 촉진 신호에 의해 활성화되는 MAPK 신호 전달 체계가 성장인자 유무와 상관없이 항상 켜있게끔 하여 세포의 무한 증식을 촉진한다.

한편 암의 진화 과정에서 성장 억제 신호를 무시하거나 억압하는 변이 또한 선택된다. DNA 속에는 세포의 무분별한 증식을 억제하는 종양 억제 유전자가 포함되어 있다. *RB* 유전자나 *TP53* 유전자와 같은 종양 억제 유전자들은 세포 내외의 각종 신호 정보를 통합하여 세포 분열을 정지시키는 역할을 하며 이들이 돌연변이로 망가진 암세포는 성장 억제 신호를 무시하고 계속 세포 분열을 진행할 수 있게 된다.

종양 억제 유전자의 활동은 암의 세 번째 특징인 세포 자살 회피와도 관련이 깊다. 정상 세포에서 *TP53*은 세포 분열을 억제할 뿐만 아니라 DNA의 손상이나 염색체 이상을 감지하여 세포 자살 프로그램인 '아폽토시스'를 촉진한다. 따라서 불안정한 DNA를 지닌 암세포는 세포 자살의 운명을 회피하거나 무력화해야 하는데 암의 진화 과정에서 *TP53*의 기능을 손상시키거나 아폽토시스를 억제 혹은 촉진하는 유전자의 변이가 선택되어 아폽토시스를 회피할 수 있게 된다.

질주하는 불멸의 세포

앞의 세 가지 전환을 모두 이뤄내더라도 세포 군집이 폭발적인 증식 능력을 획득하기 위해서는 하나의 장벽을 더 넘어야 한다. 바로 텔로미어의 마모다. 정상 세포는 무한히 분열하지 못한다. 예를 들어 섬유아세포를 체외에서 배양하면 세포들은 분열을 거듭하다 점점 그 속도가 느려지면서 결국 증식을 멈추고 세포 노쇠 단계에 접어든다. 이때 *TP53*이나 *RB*와 같은 종양 억제 유전자를 저해하면 다시 분열을 시작할 수 있는데, 이렇게 재개된 분열은 얼마간 지속되다가 '위기' 단계에 봉착한다. 이 단계에서 세포는 증식을 멈출 뿐만 아니라 죽어 나가기 시작한다.

세포 분열 신호등을 조작하더라도 무한대의 증식을 이어가지 못하고 위기에 빠지는 이유는 세포 분열을 거듭할 때마다 염색체 양 끝 DNA를 이루는 텔로미어 사슬이 점점

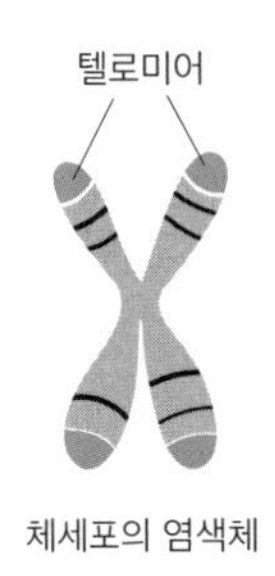

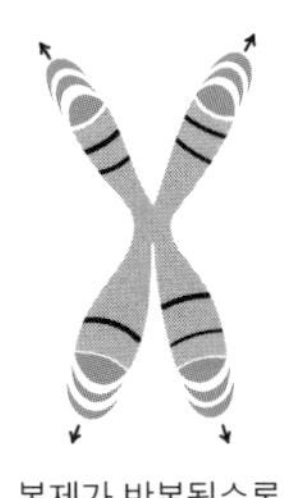

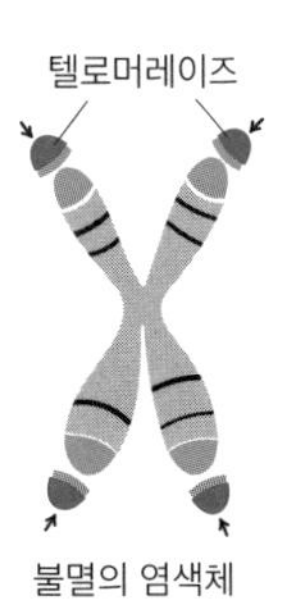

텔로미어와 텔로머레이즈

짧아지다 완전히 마모되기 때문이다. 텔로미어가 다 닳아버린 세포는 염색체 간의 비정상적인 융합을 막지 못해 죽음에 이르게 된다.

그런데 놀랍게도 위기 단계에 빠진 세포 중 극소수가 이 위기를 극복하고 무한히 분열하는 '불멸의 세포'가 된다. 대개 암세포는 텔로머레이즈라는 효소를 통해 불멸성을 획득한다. 텔로머레이즈는 염색체 끝에 다시 텔로미어 서열을 연장하는 효소로 생식세포를 제외한 정상 세포에서는 거의 발현하지 않는데 불멸 상태가 된 암세포에서는 그 발현을 매우 흔하게 확인할 수 있다. 즉 텔로머레이즈로 텔로미어를 늘릴 수 있게 됨으로써 암세포는 텔로미어의 점진적인 마모에서 비롯되는 내재적인 증식 능력의 제한을 넘어서게 된다.

네 가지 전환을 통해 무한히 증식할 수 있는 잠재력을

갖춘 세포 군집이 실제로 그 잠재력을 발휘하기 위해선 환경이 뒷받침되어야 한다. 다섯 번째 전환인 '지속적인 혈관 생성'은 바로 불멸의 세포들이 세력을 확장하기 위한 환경을 조성하는 능력이다. 세포가 증식하기 위해서는 에너지가 필요하며 혈액을 통해 적절한 산소와 양분을 공급받아야 한다. 암세포처럼 폭발적으로 성장하는 세포에서는 그 요구량이 더 늘어난다. 암 조직은 이러한 요구를 지속적인 혈관 생성을 통해 감당해낸다. 발생이 끝난 후에 성체의 몸에서는 매우 제한적인 경우에만 일시적으로 혈관 생성이 진행되는데(예를 들어 상처 치유), 암 조직에서는 *VEGF-A*나 *TSP-1*과 같은 혈관 생성 촉진 혹은 억제인자의 변이로 인해 계속해서 혈관 생성이 유도되고, 그 결과 세포 증식에 필요한 많은 산소와 양분이 암 조직에 제공된다.

암세포는 혈관을 자신을 불리는 데 필요한 에너지원을 공급하는 송유관으로 활용하는 데 그치지 않고 다른 기관을 정복하는 항로로도 활용한다. 암의 마지막 특징은 바로 불멸의 세포들이 일명 '침투-전이 캐스케이드'라고 불리는 일련의 과정을 통해 순환계를 타고 전이를 일으킨다는 것이다.[3] 암세포들은 혈관 속으로 침투하고 생존하여 멀리 떨어진 기관에 안착한 뒤 혈관에서 빠져나와 조직에 침투하여 일차적으로 미소전이를 형성한다. 새로운 환경에 자리 잡은 암세포 대부분은 원래 암이 발생한 조직에서처럼 마구 증식하지는 못하지만 그중 일부가 적응하는 데 성공하여 마침내 '전이성 식민지'를 수립하고 폭발적인 증식을 재개한다. 암 환자의 90퍼센트 이상이 특정 기관에서 일차적으로 발생한 암이 아니라 전이된 암에 인해 사망에 이르게 된다. 무제한의 자유를 향한 암세포의 질주는 자신이 떠날 수 없는 리바이어던을 함락시키고 나서야 비로소 멈춘다.

그런데 암세포는 어떻게 멀리 떨어진 다른 기관으로 전이될 수 있을까? 사실 인간의 몸은 세포들의 입장에서는 전체주의 국가와 같아서 백혈구와 같은 극히 일부의 세포들을 제외한 대부분의 세포에게 이동의 자유가 허락되지 않는다. 간, 폐, 심장과 같은 기관은 다양한 종류의 세포와 조직으로 구성되는데 이때 각 기관의 특이적인 기능은 기관을 이루는 세포들의 종류뿐만 아니라 세포들의 정확한 물리적 구성을 기반으로 한다. 그렇기에 기관 형성 과정에서는 세포들이 활발히 움직이지만 일단 발생이 완료되어 세포들의 배치가 정확히 이뤄지고 나면 대부분의 조직은 마치 굳어진 플라스틱처럼 형태와 구조를 안정적으로 유지한다. 예컨대 심장을 이루는 근육세포들은 정확한 배치와 연결을 유지하여 심장 박동을 끊임없이 만들어나간다.

이처럼 세포들이 몸속을 둥둥 떠다니지 않고 정해진 자리를 지킬 수 있는 이유는 바로 세포들이 표면에 부착인자라는 '접착제'를 바르기 때문이다. 다양한 종류의 접착제는 세포들을 서로 접착시키거나 세포를 콜라젠, 당단백질 등으로 구성된 세포외기질에 달라붙어 있을 수 있도록 한다. 그 덕분에 세포들은 스크럼을 짜서 안정적인 조직 구조를 형성할 수 있다.

이러한 접착제 유전자는 종양 억제 유전자로도 기능한다. 세포를 배양 접시에서 키우면 세포들의 숫자가 늘어나면서 점점 세포 간의 '접촉'이 늘어나게 되는데, 이는 세포의 증식을 억제하는 접촉 저지 기작을 가동시킨다. 이때 *E-cadherin* 등의 부착인자는 세포 간의 접촉을 감지하여 배양접시 바닥을 가득 채운 세포가 더는 분열을 하지 못하도록 하는 신호 전달에 중요한 역할을 담당한다.

따라서 암세포가 이러한 접촉 저지를 극복하고 이동의 자유를 획득하여 온몸으로 퍼져나가기 위해서는 접착제 유전자가 만들어낸 장벽을 넘어서야 한다. 실제로 암세포에서는 빈번하게 *E-cadherin*이 손상된 변이가 자주 관찰된다. 정상 세포의 표면에 붙어있던 접착제를 제거하고 매끈해져서 세포들의 스크럼과 세포외 기질에서 이탈할 수 있게 되는 것이다. 한편 어떤 접착제 유전자는 오히려 암세포에서 발현이 증가하기도 한다. 예를 들어 *N-cadherin*은 발생 중 자리를 잡기 위해 이동하는 신경세포에서 발현되는 접착제 유전자인데 이는 마치 스파이더맨이 건물 사이를 자유자재로 날아다닐 때 쓰는 끈적끈적한 거미줄 같은 역할을 한다. 암의 진화 과정에서는 이처럼 이동을 도와주는 *N-cadherin*과 같은 유전자의 활성을 증가시키는 변이와 *E-cadherin*과 같은 접착제 유전자의 활성을 떨어뜨리는 변이가 선택된다. 이렇게 접착제 유전자의 이상 발현은 다른 많은 변이와 함께 암세포에게 이동의 자유를 부여하여 침투-전이 캐스케이드를 따라 다른 기관으로의 세력 확장을 실현할 수 있도록 한다.

지금까지 살펴본 암의 여섯 가지 특징은 암의 진화 과정이 매우 입체적으로 진행되며 다양한 유전자의 작용과 이들의 변이가 관여함을 보여준다. 이는 왜 암이 노년층에서 훨씬 빈번하게 발병하는지에 대한 통찰도 제공한다. 암은 갑자기 어떤 정상 세포가 흑마술에 걸린 듯 한순간에 악랄한 암세포로 변하는 질병이 아니다.

암은 점진적으로 진행되는 진화적인 사건이며 진화가 그러하듯 다양한 변이의 누적과 그것을 가능케 하는 '선택의 시간'을 필요로 한다. 암의 발병은 무수히 많은 클론의 탄생과 죽음을 통해 선택된 변이들이 세포의 무분별한 증식과 이동을 제한하는 수많은 장벽을 하나씩 무너뜨리는 과정이다. 다세포 생물의 진화 과정에서 겹겹이 만들어진 장벽들이 세포 수준의 클론성 진화가 만들어내는 수압을 버텨낼 수 있는 시간 이상으로 인간의 수명이 늘어나면서 암은 무병장수의 가장 큰 위협이 되고 있다.

암과의 전쟁

〈암의 특징들〉이 발표되고 11년 뒤, 두 저자는 빠르게 성장하는 암 연구 분야의 새로운 발견을 반영하여 〈암의 특징들: 다음 세대Hallmarks of Cancer: The Next Generation〉(2011)를 발표했다.[4] 이 리뷰 논문을 통해 저자들은 기존의 여섯 가지 암의 특징을 뒷받침하는 후속 연구들을 정리하고 동시에 새로운 연구들을 종합하여 추가적으로 '에너지 대사 리프로그래밍' '면역회피'라는 두 가지 특징을 더 제안했다. 두 가지 특징 중에서도 특히 면역회피는 현재 암 치료의 대세로 자리 잡고 있는 면역 항암 치료와 직접 연관된 특징이다.

면역의 핵심은 자기와 비자기를 구분하는 일이다. 그래야만 몸을 이루는 정상적인 세포와 물질은 그대로 두고 신종 코로나 바이러스처럼 위험한 타자를 제거할 수 있기 때문이다. 이러한 관점에서 보자면 암세포는 자기로부터 출현한 비자기라는 매우 특수한 대상이다. 암의 진화 과정은 변이의 누적을 동반한다. 즉 암세포들이 정상 세포와는 다른 물질(단백질)들을 만들어낸다. 이는 암세포가 진화하면서 정상 세포와 그 모습이 달라질수록 면역 체계에 의해 공격당할 위험, 즉 '면역원성'이 생겨날 가능성이 커짐을 의미한다.

그렇다면 다세포 생물의 면역계는 공동체의 규칙을 따르지 않고 증식에 골몰하는 배신자 암세포를 '타자'로 규정하고 제거할까? 동물 실험을 통해 개체의 면역활성을 인위적으로 저하시키면 암이 더 잘 발병한다는 사실이 확인되는데 이는 실제로 면역 체계가 암의 진화를 억제하는 장벽으로 작용하고 있음을 보여준다. 더 흥미로운 현상은 한 개체에서 다른 개체로 암세포를 이식하는 실험에서 관찰되었다. 정상적인 면역 체계를 갖춘 개체와 면역활성이 떨어진 개체에서 각각 암세포를 추출하여 정상 개체에 이식한 경우 후자에서 이식된 암세포의 증식이 잘 이루어지지 않는 경우가 빈번하다는 사실이 확인된 것이다.

이식 실험에서 관찰된 차이는 바로 '면역편집'의 여부에 의해 생겨난다. 정상적인 면역 체계를 갖춘 개체에서는 암 진화 과정에서 면역계의 공격을 피할 수 있는 변이를 지닌 클론들이 더 잘 생존하고 이러한 선택 과정을 통해 암세포의 면역원성이 점점 낮아지는 면역편집이 진행된다.[5] 하지만 면역활성이 떨어진 개체에서는 이러한 선택압이 낮기 때문에 면역편집이 제대로 진행되지 않은 암세포가 번성하게 된다. 이런 암세포를 정상 개체에 이식하면 암세포가 유지하고 있던 면역원성으로 인해 면역계의 공격을 받아 제거될 가능성이 높다.

이처럼 암과 면역 사이의 깊은 관계가 밝혀지면서 이를 이용하여 암을 치료하려는 새로운 접근법을 모색하는 연구자들이 등장하게 된다. 2018년 노벨 생리의학상을 공동으로 수상한 제임스 앨리슨James P. Allison과 다스쿠 혼조Tasuku Honjo는 각각 '면역관문'으로 작용하는 *CTLA-4*와 *PD-1*이라는 유전자를 억제하여 암을 제거하는 획기적인 치료법, 즉 면역 항암 치료의 시대를 열었다. 면역 항암 요법은 분열하는 세포들을 무차별적으로 공격하는 1세대 세포 독성 항암제나 암세포만을 특이적으로 공격하는 2세대 표적 항암제와는 근본적인 차이를 지닌다. 노벨상의 주인공 면역관문 억제제는 암세포를 직접 공격하는 것이 아니라 면역관문을 악용하는 암세포를 면역계가 스스로 제거할 수 있도록 도와준다. 이 밖에도 면역세포(T세포)를 몸 밖으로 꺼내 암세포를 공격할 수 있도록 유전적으로 조작한 뒤 다시 환자의 몸에 넣는 '키메라 항원 수용체 T세포 치료법', 암세포가 지닌 항원을 투여하여 암세포를 공격할 수 있도록 면역계를 활성화하는 '항암 백신' 등 면역 항암 치료는 빠르게 진화하고 있다.

1971년 닉슨 대통령은 '암과의 전쟁'을 선포했다. 그렇지만 암세포를 죽이려는 면역계와 이를 회피하려는 암세포의 진화는 암과의 전쟁이 닉슨이 전쟁을 선포하기 훨씬 이전부터 이미 진행되어 왔음을 보여준다. 우리 몸속에 내장된 강력한 무기 체계를 활용한 면역 항암으로 인간은 끊임없이 세포들의 리바이어던을 무너뜨려 온 암과의 전쟁에서 마침내 승기를 잡을 수 있을까.

11

성의 진화 그리고 우리 마음의 스펙트럼

성별 결정의 유전학과 젠더

성이란 무엇인가? 생물학적 관점에서 보자면 성의 본질은 '유전자의 뒤섞음'이다. 자신의 유전체를 (거의) 그대로 복제하여 증식하는 무성생식과 달리 유성생식은 감수분열을 통해 유전체를 절반으로 줄인 반수체 세포, 즉 배우자의 융합을 통해 접합자가 만들어지는 과정에서 유전자의 섞임이 일어난다. 대부분의 진핵생물이 채택하고 있는 유성생식은 이로운 유전자는 모으고 해로운 유전자는 버리기 용이할 뿐만 아니라 끊임없는 유전변이의 조합을 통해 더 경쟁력 있는 형질을 만들어낼 수 있는 생명의 위대한 발명이다.

진핵생물이자 다세포 생물인 인간 또한 유성생식을 통해 번식한다. 감수분열을 통해 여성의 몸에서는 난자가, 남성의 몸에서는 정자가 만들어지고 둘의 수정을 통해 유전자가 섞이며 생식이 완성된다. 이처럼 인간의 유성생식은 두 가지 성별이라는 체계를 통해 작동한다. 암♀과 수♂의 구별은 인간을 포함한 동물계뿐만 아니라 식물에서도 관찰되는 유성생식의 보편적인 체계처럼 보인다. 왜 성별은 두 가지일까? 이분법적 성별 체계가 보편적이라면 성별이 구분되는 과정 또한 보편적인 기작에 의해 조절되는 것일까?

두 가지 성이라는 보편성의 진화적 가설

유성생식 하는 종에서 암수를 구분하는 기준은 바로 생식세포의 크기이다. 큰 생식세포(난자)를 만드는 성별이 암, 작은 생식세포(정자)를 만드는 성별이 수가 된다. 난자와 정자처럼 크기를 포함하여 서로 다른 특성을 지닌 생식세포들이 결합하는 유성생식을 '이형접합'이라고 부른다. 유성생식 하면 일반적으로 이형접합을 떠올리지만 모든 유성생식 종이 이형접합을 하는 것은 아니다.

오히려 유성생식의 기원은 비슷하게 생긴 생식세포가 결합하는 동형접합이었으며 현재도 단세포 진핵생물에서는 동형접합을 통한 유성생식이 흔하게 관찰된다.[1] 동형접합 종에서는 난자와 정자가 구분되지 않는다. 그 대신 동형접합 종에서도 성별과 유사한 교배형이 존재한다. 이형접합 종에서 서로 다른 성별끼리 교배가 일어나는 것처럼 동형접합 종도 자신과 다른 교배형과 교배한다. 다만 서로 다른 교배형이 배우자(생식세포)의 형태에 드러나지 않을 뿐이다. 흥미롭게도 이형접합 종에서는 암수 두 가지 성별만 관찰되는 것과 달리 동형접합 종의 교배형은 두 개보다 많을 수 있다.

예컨대 풍족한 환경에서 단세포 아메바로 살다가 조건이 악화되면 수만 마리가 뭉쳐 민달팽이 같은 군체를 만드는 딕티오스텔리움*Dictyostelium discoideum*은 세 개의 교배형을 지니고 있다. 섬모충 테트라히메나*Tetrahymena thermophila*에서는 무려 일곱 개의 교배형이 발견되고 어떤 곰팡이 종에서는 수천 개의 교배형이 발견되기도 한다.

그렇다면 왜 다수의 교배형이 발견되는 동형접합 종과 달리 모든 이형접합 종은 두 개의 성별만 지니고 있을까? 유력한 가설은 자연선택 중에서도 양극단의 표현형을 선호하는 분단선택을 통해 이형접합이 진화하게 되었다는 것이다. 유성생식의 성공률을 높이기 위해서는 (1) 생성되는 생식세포의 수를 늘리고 이동성을 높여 다른 생식세포와 수정할 가능성을 높여야 하며 (2) 생식세포의 크기와 내용물을 늘려 수정 이후의 생존율을 높여야 한다. 그런데 이 두 가지는 제한된 에너지와 자원을 두고 서로 충돌하는 특성이다. 이때 만들어내는 생식세포의 수를 최대한 늘리는 성별과 생식세포의 질을 최대한 높이는 두 가지 성별이 존재한다면 한 종류의 생식세포만 만들어내는 것에 비해 더 성공적인 생식의 결과를 만들 수 있다. 같은 이유에서 세 가지 성별은 유지되기 어렵다. 생식세포의 수와 크기라는 트레이드오프를 두고 한 성별은 어중간한 수와 크기의 생식세포를 만들어낼 수밖에 없으며 분단선택의 압력 때문에 자연스레 그러한 성별은

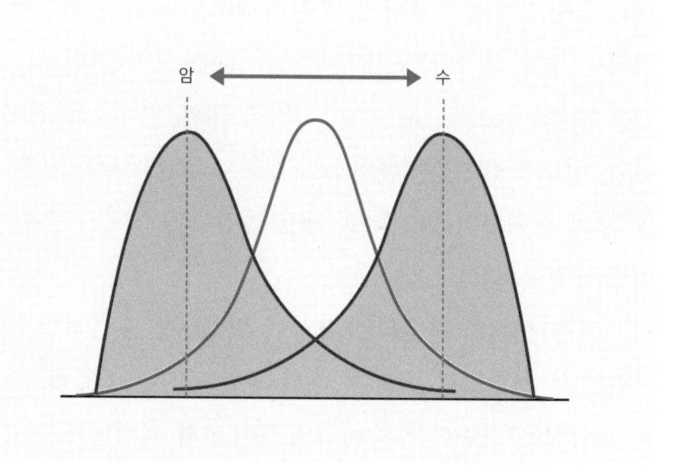

이형접합 진화에 대한 분단선택 가설 그래프
평균이 아니라 양극단에 있는 표현형이 생식에 유리해 두 가지 성별로 분화가 일어난다.

도태될 수밖에 없다. 결과적으로 이형접합 종에서는 크고 적은 생식세포(난자)를 생산하는 암컷과 작고 많은 생식세포(정자)를 생산하는 수컷 두 가지 성별로 성의 분화가 일어나게 된다는 것이다.

한편 암수의 진화가 곧 암컷과 수컷의 진화를 의미하는 것은 아니다. 난자와 정자가 한몸 안에서 만들어지는 자웅동체가 자연계에서 매우 흔하게 발견되기 때문이다. 예를 들어 현화식물의 90퍼센트 이상이 자웅동체 종으로 한 개체에서 암꽃과 수꽃이 모두 피어나거나 심지어 한 꽃 안에 암술과 수술이 모두 들어있다. 유전학의 대표 모델 종 중 하나인 예뾰꼬마선충 또한 자웅동체 개체가 몸 안에서 난자와 정자를 모두 만들어내고 식물처럼 자가수정까지 한다. 자웅동체의 자가수정은 짝을 찾는 번거로운 과정을 필요로 하지 않는다는 점에서 매력적으로 보일 수 있지만 '유전적 다양성 증가'라는 유성생식의 장점이 퇴색된다. 동물 진화 역사 초기에 자웅동체에서 자웅이체로의 진화와 그 반대 방향의 진화가 모두 일어난 것으로 알려져 있으며, 여전히 현존하는 모든 동물의 공통조상의 성별 체계가 둘 중 무엇이었는지는 베일에 쌓여있다.[2]

성별을 가르는 스위치 유전자

인간을 비롯한 포유류는 이형접합을 할 뿐만 아니라 개체 수준에서 철저히 분리된 성별(암컷과 수컷)을 나타낸다. 이때 어떤 개체가 암컷 혹은 수컷이 될지는 친숙한 XY성염색체에 의해 결정되는 것으로 알려져 있다. 구체적으로는 Y염색체를 지닌 개체는 수컷(일반적으로 XY)이 되고 X염색체만 지닌 개체는 암컷(일반적으로 XX)이 된다는 것이 널리 알려진 상식이다.

이 상식에 따르면 개체의 성별은 성염색체의 조합이 정해지는 수정의 순간 '확정'된다고 생각하기 쉽다. 하지만 이는 사실이 아니다. 성별 결정의 생물학에 있어 가장 중요한 출발점은 수정 이후 한동안 우리 몸이 두 가지 성별 모두로 발생할 수 있는 물리적 가능성, 즉 양성 생식선을 지니고 있다는 것이다. 발생 초기 형성되는 양성 생식선은 난자를 만드는 난소 혹은 정자를 만드는 정소로 발생할 수 있는 잠재력을 모두 갖고 있다.

1991년 영국의 로빈 러벨-배지Robin Lovell-Badge 연구팀은 성별 결정의 생물학 연구에 한 획을 긋는 기념비적인 논문을《네이처》에 발표한다.[3] 그들은 XX염색체를 지닌 마우스의 배아가 실제로 암컷 혹은 수컷으로 발생할 수 있는 잠재력을 모두 지니고 있음을 입증했을 뿐만 아니라 성별을 조절하는 마스터 스위치 유전자를 찾아내고 이 스위치를 조작하여 성전환을 일으키는 데 성공했다. 연구팀이 찾아낸 마스터 스위치 유전자는 바로 Y염색체에 위치한(성 결정 Y 영역) *Sry*라는 유전자였다. Y염색체가 없는 마우스 배아, 즉 원래 암컷이 되어야 할 배아에 이 유전자를 인위적으로 켜주자 암컷이 아닌 수컷으로 발생하는 '성전환'이 일어나는 현상을 관찰했다. 단 하나의 유전자 스위치만으로 성별을 바꿀 수 있다는 충격적인 발견이었다.

양성 생식선이 두 성별의 잠재력을 모두 지니고 있음에도 이후 발생 과정에서 Y염색체의 유무에 따라 난소 혹은 정소로 발생하는 것은, 바로 Y염색체에 있는 *Sry* 유전자가 난

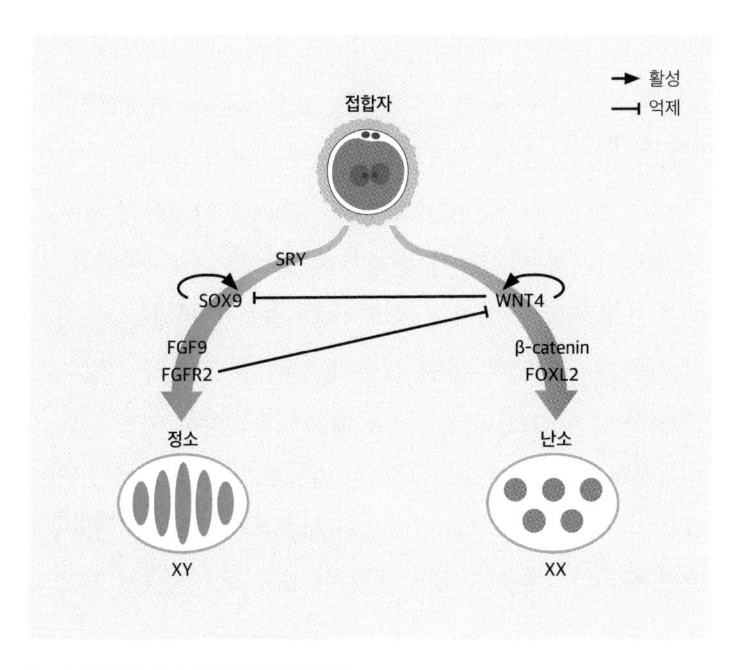

***Sox9* 유전자와 *Wnt4* 유전자의 길항 관계**

Y염색체의 *Sry* 유전자의 발현 유무에 따라 한쪽으로 균형이 쏠리게 되어 한쪽 성별로의 발생을 촉진하는 동시에 다른 성별로의 발생은 억제하게 된다.

소 발생 프로그램은 억제하고 정소 발생 프로그램을 촉진하기 때문이다. 이후 *Sry*가 어떻게 실제로 마스터 스위치로 기능하는지에 대한 후속 연구들이 발표되었다.

Sry 유전자로부터 만들어진 SRY 단백질은 *Sox9*이라는 하위 유전자의 발현을 촉진한다. *Sox9* 유전자는 정소 발생 프로그램을 촉진할 뿐 아니라 *Fgf9*이라는 유전자의 발현을 촉진하는데 *Fgf9*은 난소 발생 프로그램을 촉진하는 *Wnt4*

유전자의 작용을 억제한다. 그런데 흥미롭게도 *Wnt4* 유전자는 *Sox9* 유전자를 억제한다. 즉, 여성 촉진 스위치인 *Wnt4* 유전자는 남성 촉진 스위치인 *Sox9* 유전자를 억제하고 반대로 *Sox9* 유전자 또한 (*Fgf9*를 통해) *Wnt4*를 억제하여 서로가 서로를 억제하는 길항적 관계가 성립하게 된다. 이러한 길항적 관계는 두 스위치 중 한쪽이 더 강하게 켜졌을 때 점점 그 차이가 커지도록 하여 성별 결정이 양 갈래의 갈림길이 되게 한다. 여기서 마스터 스위치 *Sry* 유전자의 역할은 *Sox9* 유전자와 *Wnt4* 유전자가 서로를 억제하는 팽팽한 긴장 관계에서 *Sox9* 쪽에 무게를 실어주어 두 성별의 잠재력 중 여성 발생 회로는 차단하고 남성 발생 회로가 안정적으로 실행되도록 하는 것이다.[4]

성별 결정 기작의 다양성

20세기 후반 유연관계가 매우 먼 동물 종들의 유전체가 게놈 프로젝트를 통해 밝혀지면서 놀라운 사실이 드러난다. 크기도 생김새도 너무 다른 예쁜꼬마선충, 초파리, 인간이 공통조상으로부터 갈라져 나온 지 수억 년이 지났지만 여전히 수천 개의 잘 보존된 유전자를 공유한다는 것이다. 인간은 다른 종들과 비슷한 아미노산 서열의 유전자를 지니고 있을 뿐만 아니라 발생을 조절하는 핵심 유전자인 혹스 유전자처럼 잘 보존된 많은 유전자가 유연관계가 먼 종에서 동일한 기능을 수행한다. 이러한 연구 결과들이 누적되며 보편적인 생명 현상의 이면에는 보편적인 조절 체계가 있을 거라는 인식이 자리 잡게 되었다.

하지만 암수 구별이라는 성별 결정 과정은 '보편적 현상-보편적 기작'이라는 도식에서 완전히 벗어나 있다. 자연에서 성별이 암수로 구분되는 것은 매우 일반적인 현상이지만 그 두 갈래의 운명을 결정하는 스위치는 다양할 뿐만 아니라 끊임없이 진화하기 때문이다. 포유류에서 일반적으로 관찰되는 XY성염색체와 *Sry* 유전자에 의한 성별 결정 기작은 '불과' 1억 5000여 년 전(파충류 및 조류와 분기된 이후)에 진화한 것으로 추정되며 가까운 친척인 조류에서는 포유류와 달리 XY염색체가 아닌 ZW염색체를 통한 성별 결정이 이뤄진다.

조류의 성염색체가 XY가 아닌 ZW염색체로 불리는 이유는 포유류와 반대로 조류에서는 수컷이 한 종류의 성염색체(ZZ)를 지니고 있고, 암컷이 수컷에겐 없는 W염색체(ZW)를 지니고 있기 때문이다. Y염색체에만 있는 *Sry* 유전자 스위치를 통해 성별 결정이 진행되는 포유류와 달리 조류에서는 암컷과 수컷 모두 가진 Z염색체에 존재하는 유전자가 성별 결정 스위치 역할을 한다. *DMRT-1*doublesex and mab-

3 related transcription factor 1이라는 유전자는 *Sry* 유전자와 마찬가지로 유전자 발현을 조절하는 전사인자인데 Z염색체가 한 벌인 암컷과 두 벌인 수컷에서 유전자 사본의 수가 각각 1개와 2개로 차이가 난다. 그리고 *DMRT-1* 유전자의 이러한 양적인 차이가 서로 다른 성별 프로그램을 구동시킨다. 실제로 인위적으로 조류에서 *DMRT-1* 유전자의 발현을 조작하게 되면 마우스에서의 *Sry* 유전자 조작과 마찬가지로 성전환이 일어나게 된다.[5]

무척추동물인 예쁜꼬마선충에서는 XY염색체나 ZW염색체와 같은 성염색체들이 단독으로 성별을 결정하지 않고 성염색체와 상염색체(성염색체가 아닌 염색체)의 '비율'을 통해 성별이 결정된다. 예쁜꼬마선충의 성별은 난자와 정자를 모두 생산하는 자웅동체와 정자만 만들어내는 수컷으로 나뉘는데 자웅동체는 두 벌의 성염색체(XX)를, 수컷은 한 벌의 성염색체(XO)를 지닌다. 반면 상염색체의 숫자는 자웅동체와 수컷이 모두 동일하다. 따라서 성염색체 대 상염색체의 비율이 암컷이 수컷에 비해 두 배가 된다. 예쁜꼬마선충의 성별 결정 시스템은 바로 이 비율을 측정하는 *xol-1*이라는 유전자 '저울'이 성별 결정의 마스터 스위치로 작용한다.

xol-1 유전자는 포유류의 *Sry*처럼 켜졌을 때 수컷 발생회로를 가동시키는 마스터 스위치다. 그런데 예쁜꼬마선충에는 Y염색체가 없고 *xol-1* 유전자는 X염색체 위에 있다. 따

라서 *xol-1* 유전자 사본의 개수는 XO인 수컷이 XX인 자웅동체보다 오히려 적다. 그럼에도 불구하고 *xol-1* 유전자 스위치는 자웅동체가 아닌 수컷에서 켜진다. 언뜻 모순적으로 보이는 현상이 나타나는 이유는 *xol-1* 유전자의 발현이 성염색체에서 오는 신호에 의해 억제되고 반대로 상염색체에서 오는 신호에 의해 촉진되기 때문이다. 상염색체에서 오는 신호는 자웅동체와 수컷 모두 동일한 반면 성염색체에서 오는 신호는 XX인 자웅동체에서 두 배로 강하며, 이로 인해 *xol-1* 유전자 스위치는 꺼지게 된다. 즉 *xol-1*이라는 스위치가 성염색체와 상염색체의 상대적인 수를 측정하여 어떤 성별로 발생할지 결정하는 것이다.[6·7]

이처럼 성별은 동물계 내에서만 하더라도 다양한 방식으로 결정될 뿐만 아니라 매우 빠르게 진화하기까지 한다. 예를 들어 게코도마뱀 계통에서는 XY성염색체 체계와 ZW성염색체 체계가 뒤죽박죽으로 발견된다. 이는 성별 결정 체계가 빈번히 뒤바뀜을 의미한다.[8] 성별 결정 체계가 다른 분류군에 비해 비교적 안정적으로 유지되는 것으로 알려져 있는 포유류 내에서도 예외가 발견된다. 류큐가시쥐와 남캅카스두더지들쥐의 계통은 Y염색체를 잃어버렸고 그 결과 성별 결정의 마스터 스위치 유전자인 *Sry*도 함께 잃어버렸다. 두 종에서 암컷과 수컷은 모두 하나의 X염색체만 지니고 있으며(XO), 수컷에서 남성 촉진 스위치인 *Sox9*를 켜는 *Sry* 유전자의 역할을 다른 유전자가 대신하는 방식으로 진화했을 것으로 추정된다.

성은 환경에 따라서도 변한다

지금까지 살펴본 사례들에서 두 성별은 XY염색체 혹은 ZW염색체든 성염색체와 상염색체의 비율이든 '유전적'으로 결정되었다. 하지만 '유전적 성별 결정genetic sex determination, GSD'은 자연의 유일한 성별 결정 방식이 아니다. 성별이 수정의 순간 결정되는 것이 아니라 배아가 놓인 환경에 따라 결정되는 '환경에 의한 성별 결정environmental sex determination, ESD'은 자연계에서 매우 흔히 발견되는 또 다른 일반적인 성별 결정 기작이다. 일부 파충류는 온도에 의해 성별이 결정되고 해양 단각류 종은 낮의 길이에 따라 성별이 달라지기도 한다. 산호초에 사는 어류 중 많은 종은 사회적인 요인에 따라 성별이 결정되기도 한다.[9] 알 속에서 배아가 발생하는 동안 노출되는 온도에 따라 성별이 달라지는 파충류의 온도 의존적 성별 결정temperature-dependent sex determination, TSD은 ESD 중에서도 널리 알려진 사례다.[10] 예를 들어 높은 온도에 노출되는 경우 붉은귀거북은 암컷으로 발생하고 반대로 미국악어는 수컷으로 발생한다. 레오파드게코는 미지근한 온도에서는 수컷이 되고 차갑거나 높은 온도에서는 암컷이 된다(모든 파충류가 TSD를 나타내는 건 아닌데 예를 들어 뱀에서는 조류와 마찬가지로 ZW성염색체 기반 성별 결정이 일어난다). 이러한 TSD 종에서 어떻게 온도에 의해 성별이 결정되는지에 대한 분자적 기작은 아직 알려진 바가 많지 않다. 이론적으로는 온도에 따라 활성이 달라지는 단백질이 스위치로 작용하여 암컷 회로 혹은 수컷 회로 한쪽을 켜고 다른 쪽은 억제하는 기능을 할 것으로 추정된다.

두 성별이 각각 유전적인 차이와 환경적인 차이에 의해 결정되는 GSD와 ESD는 서로 배타적인 방식으로 작동하는 것처럼 보이지만 그렇지 않다. 오히려 많은 종에서 유전과 환경의 복합적인 영향에 따라 성별이 정해지며 심지어 GSD와 ESD 사이에서의 전환 또한 흔하게 보고된다. 예를 들어 가자미의 한 종류인 박대는 ZW성염색체 기반 성별 결정(ZW가 암컷, ZZ가 수컷)이 이뤄지는데 암컷이 되어야 할 ZW염색체를 지닌 배아가 높은 온도에 노출되었을 때 수컷으로 발생하는 성전환이 이뤄진다. 그리고 이러한 성전환 과정에서 성별 결정에 관여하는 유전자들이 위치한 DNA 서열에 화학적 변형(메틸화)이 일어난다는 사실이 관찰되었다.[11] 호주 대륙 중부에 서식하는 비어디드래곤이라는 도마뱀에서도 유사한 성전환 현상이 관찰됐다. 마찬가지로 ZW성염색체 시스템을 지닌 이 종에서 부화 온도를 높였을 때 ZZ 개

체가 수컷에서 암컷으로의 성전환이 일어난다는 흥미로운 사실이 보고됐다.[12]

이처럼 성별 결정 과정에서의 GSD와 ESD의 혼합 사례는 ESD라고 알려진 종이 실제로는 성염색체 등 유전적인 성별 결정 메커니즘(GSD) 또한 가지고 있을 가능성을 보여준다. 더 나아가 성별 결정이 매우 빠르게 변화할 수 있는 진화적 기작을 짐작할 수 있게 해준다. 앞서 언급한 게코도마뱀 계통에서는 성염색체 기반(XY, ZW) GSD뿐만 아니라 온도에 의해 성별이 결정되는 TSD 종들도 다수 발견되는데 이는 각 종이 지니고 있는 성별 결정 체계가 최근에 진화했음을 뜻한다.

2015년에는 호주의 아서 조지Arthur Georges 연구팀은 파충류에서는 최초로 야생에서 성전환 도마뱀(비어디드래곤)을 채집하고 이 성전환 도마뱀을 이용하여 실험실에서 GSD 종이 TSD 종으로 재빨리 전환할 수 있음을 보여주었다.[13] 연구팀은 ZZ염색체를 지닌 야생 성전환 암컷 도마뱀이 생식능력을 지니고 있을 뿐만 아니라 오히려 일반적인 ZW 암컷 도마뱀보다 더 많은 알까지 낳는다는 사실을 확인했다. 더 중요한 것은 성전환 암컷 도마뱀(ZZ)과 수컷 도마뱀(ZZ) 사이에서 태어난 모든 자손은 오직 Z염색체를 지니고 있으며 따라서 이들의 성별은 순전히 온도에 의해 갈라지게 된다. 즉, 성전환 암컷 도마뱀의 교배가 W염색체의 소실로 이어지면서 ZW성염색체 기반 성별 결정(GSD)이 더 이상 작동할 수 없게 되고 모든 자손은 TSD에 의존하는 성별 결정 체계를 갖게 되는 것이다. 말하자면 단 한 세대 만에 성별 결정 체계의 전환이 일어날 수 있음을 입증한 것이다.

비어디드래곤 도마뱀에 대한 연구는 성별 결정이 재빨리 진화할 수 있는 시나리오를 추정할 수 있게 해준다. 특정 환경 조건에서 특정 성별이 더 유리한 환경에 놓인 GSD 종에서 해당 환경에 노출되었을 때 성전환이 일어나는 시스템이 진화한다. 예컨대 높은 온도에서 발생한 암컷의 생존률이나 생식 능력이 높다면 해당 온도에서 암컷으로의 성전환을 촉진하는 기작이 자연선택을 통해 진화한다. 이처럼 GSD와 ESD가 혼합된 성별 결정 체계를 획득하면 이는 성전환된 개체의 번식으로 인한 GSD 체계의 소실 가능성을 높이게 되고 그 결과 ESD 종으로의 진화를 촉진하게 된다.

한편 성별 결정 기작의 진화에 대한 연구는 인간에 의한 기후 변화가 다양한 종의 성별 결정 체계의 진화 혹은 멸종으로 이어질 수 있음을 함의한다. 예를 들어 온도가 상승할수록 암컷으로의 성전환이 많이 일어나는 종에서 최근 가속화되고 있는 지구 온난화는 성전환 암컷의 발생률을 높이고, 그 결과 성전환된 암컷에게서 태어난 개체가 늘어나면서 GSD 종에서 TSD 종으로의 진화가 일어날 수 있다. 반대로 TSD 종의 경우에는 온도의 급격한 변화로 인해 암컷과

유전과 환경 두 요인에 의해 성별이 결정되는 비어디드래곤 도마뱀

수컷의 생성 비율이 적정 범위를 벗어나 심각하게 왜곡되고 그 결과 왜곡된 비율을 교정할 수 있는 유전변이들이 선택되면서 TSD 종에서 GSD 종으로의 진화가 이루어질 수 있다. 무엇보다 이러한 성별 결정 기작의 적응을 빠르게 이뤄내지 못한 종은 적절한 성별 비율을 이루지 못해 급격한 개체 수 감소 및 멸종에 이를 수도 있다.

마음의 성별은 왜 다채로운 패턴을 보이는가

인간에서도 다른 모든 조절 기제와 마찬가지로 성별 결

정 체계 또한 완벽하지 않다. 유전변이 등으로 성별 결정 기작이 제대로 작동하지 않으면 성염색체, 생식선, 생식기 등에서 양성의 특징이 혼재되어 나타나는 성 발달 이상disorders of sex development, DSD이 일어날 수 있다(2000년대 이전에는 DSD를 흔히 '인터섹스'라고 불렀다).[14] 예를 들어 런던 올림픽과 리우 올림픽에서 여자 800미터 부문 금메달을 획득한 남아프리카공화국의 육상 선수 캐스터 세메냐Caster Semenya는 여성의 외부 생식기를 지니고 있지만 XY염색체와 잠복 고환을 모두 지닌 DSD에 해당한다는 사실이 밝혀지며 많은 논란을 일으키기도 했다.

성별 구분이 모호한 DSD가 드물게 일어나는 '몸'의 성별과 달리 '마음'은 오히려 본질적으로 성별 구분이 모호하다. 마음의 성별이 이분법적으로 구분되려면 여성과 남성의 생식기 사이에서 관찰되는 것처럼 마음의 물리적 기반인 '뇌'에 불연속적이고 분명한 차이가 있어야 한다. 달리 말해 뇌를 이루는 세포의 수, 종류, 그리고 이들 사이의 연결, 즉 '신경회로'의 구성과 작동에 있어 '여성의 뇌'와 '남성의 뇌'가 구분될 수 있어야 한다. 이러한 차이는 기술적으로 검토하기 어려울 뿐만 아니라 근본적으로 분석하기 난해하다. 신경회로는 다른 어떤 생물학적 체계보다도 환경적인 요소, 특히 '경험'에 의해 큰 영향을 받으며 시시각각 변화하기 때문이다. 그렇기에 성호르몬이 뇌의 발달에 중요한 영향을 미친다는 사실이 잘 알려져 있고 또 인지와 행동에 있어서 양성 간의 평균적인 차이가 분명 관찰되지만 이러한 '평균적인' 차이로부터 마음의 성별을 이분법적으로 규정하는 것에는 많은 위험이 따른다. 오히려 마음의 성별은 마치 '키'처럼 연속적인 스펙트럼으로 바라보는 것이 실제 관찰되는 현실에 더 가깝다.

대표적인 예시가 바로 '성'과 '젠더'의 불일치다. 일반적으로 성과 젠더가 구분되어 사용될 때 전자는 생식 기관을 비롯한 '신체적인' 성별을 의미하고, 후자는 자신을 스스로 어떤 성별이라고 느끼고 표상하는지에 의해 결정되는 '심리적인' 성별에 해당한다. 몸의 성별과 마음의 성별, 즉 젠더 정체성이 일치하는 사람을 시스젠더로, 서로 상반되는 사람을 트랜스젠더라고 분류할 수 있는데 미국에서 진행된 연구 결과에 따르면 미국인 10만 명당 약 390명이 트랜스젠더로 추정된다고 한다. 전체 인구로 환산하면 미국에서만 무려 100만 명 내외의 사람이 성과 젠더가 불일치하는 것으로 추정할 수 있다.[15]

성적 지향성의 다양성 또한 몸의 성별에서는 관찰하기 어려운 특징이다. 정자와 난자의 이형접합만이 성체로 발생할 수 있는 수정란을 형성하는 것과 달리 심리적인 차원에서의 성적 지향성은 다른 성별뿐만 아니라 같은 성별 혹은 두 성별 모두를 향할 수도 있다. 이러한 성적 지향성의 다양성은 젠더 정체성의 차이보다 훨씬 빈번하게 나타난다. 인구의 2퍼센트에서 10퍼센트 정도가 동성애 혹은 양성애 성향을 나타내는 것으로 알려져 있다.[16]

마음의 성별이 보여주는 이러한 다채로운 패턴은 어떻게 나타나는 것일까? 몸의 성별이 유전에 의한 GSD, 환경에 의한 ESD, 혹은 이 둘의 상호작용을 통해 결정되는 것처럼 마음의 성별 또한 두 요소에 의해 결정된다. 예를 들어 2019년 《사이언스》에 발표된, 수십만 명을 대상으로 진행된 집단유전학 연구에 따르면 동성애에 약 3 대 7 정도로 유전적 요인과 환경적 요인이 작용하는 것으로 추정된다. 이 연구는 동성애와 강하게 연관된 유전변이 또한 발굴해냈다. 이는 우리의 DNA 속에 특정 성별에게 성적으로 이끌리도록 하는 신경회로를 코딩하는 설계도가 들어있으며, 이 설계도에 '변이'가 존재하여 개인마다 다른 설계도를 가질 수 있고 설령 동일한 설계도를 지니고 있다 하더라도 노출된 환경에 따라 신경회로가 변경될 수 있음을 의미한다. 즉, 유전학적인 관점에서 보자면 마음의 성별 결정은 몸의 성별 결정과 마찬가지로 유전적 기반을 지니고 있긴 하지만 훨씬 유연하고 연속적이며 다채롭다.

성별 결정에 있어 몸과 마음이 나타내는 이러한 차이는 두 과정이 상당히 독립적으로 진행될 가능성을 암시한다. 실제로 다양한 동물에서 그러한 증거들이 보고되어 왔다. 예를 들어 앞서 언급한 붉은귀거북은 암컷 혹은 수컷으로 각각 발생하는 온도에 노출시키면 생식선이 형성되기 이전부터 이미 뇌에 차이가 나타나기 시작한다. 성체에서 성전환이 일어나는 어류에서도 생식선이 전환되기 이전에 이미 행동에서 성전환이 일어나는 경우도 관찰된다.

초파리는 구체적으로 생식기의 성별과 별도로 뇌와 행동의 성별을 조절하는 유전자 스위치까지 밝혀진 유명한 사례이다. 수컷 초파리는 암컷을 향해 매우 정형화된 짝짓기 행동을 나타내는데, *fruitless*라는 유전자에 돌연변이가 생기면 정상적인 짝짓기 행동이 사라지는 동시에 암컷이 아닌 수컷을 좇는 행동을 보인다. 이 유전자는 성별에 따라 서로 다른 유전자 아이소폼isoform을 만들어내는데 수컷 아이소폼인 *fruM*은 초파리의 신경계에서 발현되어 수컷 신경회로를 만드는 마스터 스위치로 밝혀졌다. 그리고 마치 *Sry* 유전자 스위치를 인위적으로 조작하면 성전환이 일어나는 것처럼 *fruM*을 인위적으로 암컷의 뇌에서 발현시켜주면 신경회로가 '수컷화'하여 *fruitless* 돌연변이와는 반대로 암컷이 (수컷처럼) 암컷을 쫓아다니는 행동이 나타난다는 사실이 확인되었다.[17] 이는 몸과 마음의 성별을 결정하는 스위치가 따로 존재할 수 있으며 따라서 몸과 마음의 성별 결정이 독립적으로 조절되고 진화할 수 있음을 보여준다.

인간의 뇌와 마음은 (아마도) 초파리에 비하면 훨씬 복잡하며 우리 마음의 성별이 어떻게 형성되고 또 다양한 패턴이 나타나게 되는지에 대해서는 여전히 많은 부분이 베일에 싸여 있다. 우리는 아직 성별이라는 갈림길에 존재하는 다양한 가능성 중 일부만을 포착하고 있을 가능성이 크다. 지금까지 쌓아올린 성별 결정의 생물학을 통해서 우리가 얻을 수 있는 보편적인 결론이 있다면 아마도 자연과 생명 그리고 진화는 완고하게 성별을 한 가지 방식으로 규정하는 대신 끊임없이 유연성과 창의성을 발휘하며 유성생식의 선물, 즉 '생명 다양성'의 증가를 누려왔다는 사실이 아닐까.

12

진화의 테이프를 거꾸로 돌리기

진화를 실험하는 유전학

스티븐 제이 굴드Stephen Jay Gould는 그의 저서《생명, 그 경이로움에 대하여Wonderful Life: The Burgess Shale and the Nature of History》에서 매우 흥미로운 사고실험을 펼쳤다. 지구 위에서 전개된 생명 진화의 역사가 비디오테이프 속에 담겨 있다고 가정해보자. 이 '생명의 테이프'를 되감아 재생한다면 과연 똑같은 역사가 펼쳐질까? 예를 들어 캄브리아기 생물 대폭발을 통해 출현한 다양한 동물 분류군 중 일부만 현재까지 살아남았는데 만약 생명의 테이프를 '리플레이'한다면 똑같은 분류군이 살아남을까? 무엇보다 과연 우리 인간이 또다시 출현할 수 있을까?

굴드는 100가지 생명 형태 중 10가지만 살아남아 번성했다고 가정했다. 만약 그들이 우월해서 생존했다면 (테이프를 되돌려서 재생하더라도) 그들은 매번 승리할 것이다. 하지만 그들의 생존이 역사적인 우연 때문이라면 테이프를 되돌릴 때마다 생존자와 생명의 역사는 달라질 것이다. 고등학교에서 배운 순열과 조합을 떠올려본다면 100개의 모집단에서 10개를 선택할 때 조합 가능성은 17조 개가 넘어선다는 걸 깨닫게 될 것이다.

생명의 테이프라는 사고실험을 통해 굴드가 강조하고자 했던 건 바로 진화의 '우연성'이다. 그 우연성은 다윈의 자연선택 이론에서 강조하는 '필연성'과 대척점에 서 있다. 중력 때문에 사과가 항상 위에서 아래로 떨어지듯 '적자생존'이라는 개념에는 자연선택으로 인해 더 환경에 잘 적응한 종이 살아남는다는 필연의 원리가 들어있다. 반면 굴드는 인간의 진화가 그러한 필연이 누적된 결과가 아니라 오히려 우연의 산물에 가깝다고 주장한다. 인간의 삶이 그러하듯 모든 생물의 생존과 멸종에는 우연적인 요소가 상당 부분 개입한다. 그렇기에 생명의 테이프를 되감아 재생하면 인간을 포함해 지금과 같은 생물 종이 지구상에 존재할 가능성은 현저히 낮다고 말한다.

진화를 실험하다

굴드가 진화에서 우연의 역할을 강조하기는 했지만 진화의 필연성, 즉 적응과 자연선택을 부정하려 했던 건 아니다. 굴드는 모든 생명 현상이 적응진화를 통한 필연의 산물이라고 보는 통념을 비판하고 진화가 우연이라는 날실과 필연이라는 씨실이 함께 짜내는 직조물이라는 균형 잡힌 시각을 제공하고자 했다.

그렇다면 진화에서 어디까지가 우연이고 어디까지가 필연일까? 사실 굴드의 사고실험은 진화에서 우연과 필연의 역할을 가늠할 수 있는 중요한 방법론과 분석 틀을 제시한다. 그 틀은 바로 '반복 가능성'이다. 동일한 초기 조건이 주어졌을 때 진화가 반복되면 진화는 천체의 움직임처럼 필연이 지배하는 과정이라고 할 수 있다. 반대로 같은 조건에서도 서로 다른 결과가 초래된다면 우연의 영향이 크다고 추정할 수 있다.

굴드의 사고실험은 오직 상상만으로 가능한 실험처럼 보인다. 시간을 거꾸로 돌려 생명의 역사를 재생할 방법이 없기 때문이다. 그러나 시간을 되돌리는 것만이 진화의 반복 가능성을 테스트할 수 있는 유일한 방법은 아니다.

1988년 2월, 미국 캘리포니아대학교 어바인 캠퍼스의 젊은 생물학자인 리처드 렌스키Richard Lenski는 진화의 우연성과 필연성을 실제로 시험해볼 수 있는 연구를 시작했다. 동일한 조건에서 반복적인 진화가 일어나는지 확인할 수 있는 '실험'을 개시한 것이다. 바로 35년이 지난 지금도 지속되고 있는 '장기실험진화long-term experimental evolution, LTEE' 프로젝트다.

언뜻 진화와 실험이라는 두 단어는 서로 어울리지 않는 것처럼 들린다. 진화하면 가장 먼저 떠오르는 이미지는 실험실이나 각종 실험 기구가 아니라 아마도 '화석'일 테다. 화석이 없었다면 공룡과 삼엽충의 존재를 알 수 있었을까. 화석은 지금은 사라지고 없는 생물 종의 존재를 입증하고 진화생물학자들이 지구 위에서 수십억 년 동안 자라온 생명의 나무를 그려볼 수 있게 하는 귀중한 자료다.

화석이 귀중한 이유는 '시간'을 품고 있기 때문이다. 이는 진화와 실험 두 단어가 어울리지 않아 보이는 이유와 맞닿아 있다. 새로운 종이 탄생하는 수준의 진화가 일어나기 위해서는 많은 변이가 누적되어야 하며 이는 생물학적인 시간 스케일이 아니라 지질학적인 시간 스케일을 통해 일어나곤 한다. 교과서에서 배우는 인류의 진화를 생각해보면 알 수 있다. 호모 에렉투스, 호모 하빌리스와 같이 상대적으로 인류와 가까운 직계조상 종들도 수십만 년에서 수백만 년을 거슬러 올라간다. 화석을 통하지 않고는 길어야 백 년 남짓 하게 사는 인간으로서는 접근할 수 없는 시간 스케일이다.

하지만 모든 종이 똑같은 속도로 진화하는 건 아니다. 렌스키가 진화를 실험할 수 있었던 비결도 바로 여기에 있다. 렌스키는 인간에 비해 훨씬 세대가 짧은 '대장균*Escherichia coli*'을 선택했다. 대장균은 20분마다 한 번씩 분열할 수 있기 때문에 한 세대를 재생산하는 데 20년이 걸리는 인간보다 훨씬 빠르게 진화할 수 있다. 대장균이 하루에 10번 분열하여 증식하는 경우 1년이면 3650번, 20년이면 무려 7만 3000

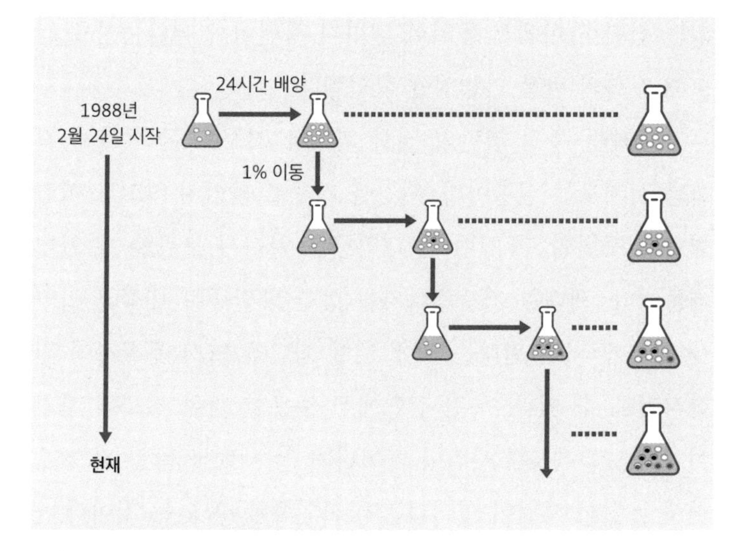

대장균을 이용한 장기실험진화

1988년 2월 24일에 시작한 실험은 지금까지 이어지고 있다.

번 세대를 보낼 수 있다. 거꾸로 말해 세대 수로 따지자면(하루에 10번 분열한다고 가정하면) 대장균의 20년은 어림잡아 인간에게 100만 년 이상의 시간에 해당한다.

렌스키는 세대 주기가 짧은 대장균을 이용하여 실험실의 통제된 조건 속에서 진화의 우연과 필연을 살펴볼 수 있는 정교한 진화 실험을 구현했다. 그는 진화의 반복 가능성을 두 가지 방법으로 시험했다. 첫째는 하나의 균주를 열두 집단으로 나눈 후 동일한 조건에서 진화시키는 '평행진화' 실험이다. 열두 집단을 독립적으로 진화시키며 전혀 교류가 없는 집단 사이에서 동일한 진화적 사건이 일어나는지를 검토해 진화의 반복 가능성을 확인했다.

둘째는 특정 집단의 진화 과정을 거꾸로 돌려 다시 진화를 시켜보는 실험이다. 시간을 거꾸로 돌리지 않고도 이런 실험을 구현할 수 있던 건 대장균을 얼려서 보관할 수 있기 때문이다. 세대를 거듭해나가는 동안 중간중간 대장균 집단을 얼리게 되면 원하는 때에 옛날 집단을 다시 부활하여 진화시켜볼 수 있다. 특정 집단에서 주목할 만한 진화적 사건이 일어났을 때 그 사건이 일어나기 전 세대를 녹인 뒤 키우면서 동일한 사건이 일어나는지 확인해볼 수 있는 것이다.

대장균 12지파가 출현하다

33년 전 렌스키 실험실의 한 플라스크에서 유래한 대장균 열두 부족이 창시됐다. 열두 부족에게는 똑같은 임무가 주어졌다. 그들의 임무는 표준 배양액과 달리 최소한의 미네랄과 매우 적은 양의 포도당이 들어있는 'DM25'라는 이름의 새로운 배양액에서 번식하고 살아남는 것이었다. 각각의 부족에서 매일 1퍼센트의 대장균이 선택되어 신선한 DM25 배양액이 들어있는 새로운 플라스크로 옮겨졌다. 즉, 매일 플라스크에서 대략 6.7세대(분열)가 진행되어 100배의 증식이 일어나도록 설계된 실험이었다. 이 실험은 대장균을 분명한 선택압에 놓이게 했다. 새로운 배양액(DM25)의 열악한 환경에 더 잘 적응한 대장균 개체가 더 많이 살아남아 자손을 퍼뜨릴 수 있었다.

렌스키의 실험은 진화의 반복 가능성을 포함해 진화생물학의 여러 중요한 질문과 함께 출발했다.[1] 적응은 얼마나 빨리 일어날까? 점진적으로 진행될까, 불연속적인 도약이 일어날까? 적응도는 계속 증가할까, 아니면 곧 최고점에 이른 후 정체될까? 독립적인 대장균 부족들은 비슷한 적응의 궤적을 그릴까, 아니면 특정 부족이 더 빠르게 적응할까? 비슷한 궤적을 그린다면 비슷한 변이가 누적된 결과일까? 열두 부족의 대장균은 현재까지 무려 7만 5000세대를 거듭하며 이런 질문들에 답하는 방대한 결과를 생산해내고 있다.

렌스키 연구팀은 세대를 거듭하면서 대장균 부족의 적응도가 어떻게 달라지는지를 측정했다. 적응도는 진화 이전의 조상 균주와의 경쟁을 통해 확인됐다. 예를 들어 한 부족의 적응도 변화를 확인하니 첫 2000세대 만에 적응도가 30퍼센트 가까이 증가했음이 관찰되었다.[2] 이는 진화된 대장균이 같은 조건에서 조상보다 30퍼센트 더 잘 증식한다는 의미다. 과정을 더 자세히 들여다보니 적응도가 점진적으로 증가한 것이 아니라 한 번에 약 10퍼센트씩 증가하는 도약이 세 번 일어났다는 걸 확인할 수 있었다. 한편 실험을 지속할

수록 적응도가 증가하는 기울기가 점점 둔화되었다. 적응도가 30퍼센트 증가하는 데 2000세대면 충분했지만 70퍼센트가 증가하는 데에는 무려 5만 세대가 걸렸다. 하지만 증가세가 둔화되었을 뿐 멎은 것은 아니었다. 수학적 모델을 적용한 결과 적응도는 느리지만 지속적으로 증가하는 것으로 예측되었다.

세대를 거듭하면서 적응도 증가뿐만 아니라 다른 흥미로운 현상들도 관찰되었다. Ara-2라는 이름의 대장균 부족은 6000세대 즈음부터 크기가 작은 S와 큰 L 가문으로 분화되었다. 이후 한 플라스크 안에서 S와 L 가문이 5만 세대 이상 공존하는 삶을 이어가고 있다.[3]

어째서 두 가문 중 한 가문이 경쟁에서 승리하여 전체 플라스크를 차지하지 않는 것일까? 앞선 세대에서 적응도가 가파르게 올라갔던 상황을 생각해보면 이러한 공존은 더욱 미스터리하다. DM25 배양액에서 더 잘 번식할 수 있는 돌연변이가 한 대장균에서 발생한다. 세대를 거듭할수록 이 변이를 지닌 대장균의 비율이 높아지게 되고 결국 변이가 없는 대장균은 자취를 감추게 된다.

렌스키 연구팀은 Ara-2 대장균 부족이 두 가문 S와 L로 균형을 이루는 이유를 크게 두 가지 가능성으로 나누어 검토했다. 첫 번째는 한 가문은 포도당이 상대적으로 풍부한 조건에서 잘 자라고 다른 한 가문은 포도당이 소모되고 난

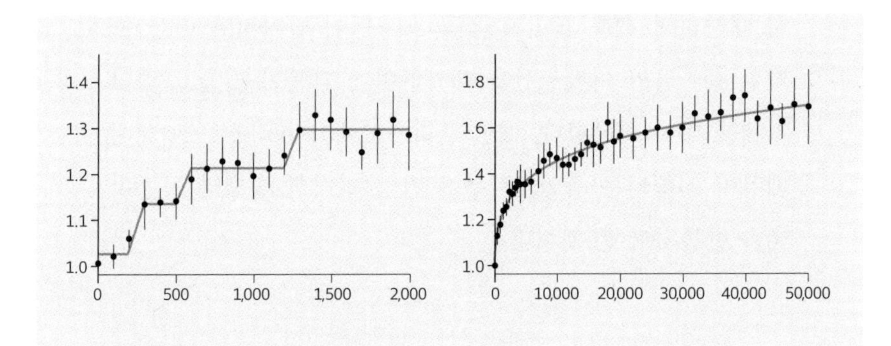

대장균 열두 지파 중 한 지파의 적응도 변화

2000세대까지 도약을 통해 빠르게 적응이 이뤄지다가 그 이후부터 점진적으로 이뤄지는 걸 확인할 수 있다. 가로축은 세대, 세로축은 상대 적응도를 나타낸다.

조건에서 더 잘 자랄 가능성이다. 마치 토끼와 거북이 이야기처럼 한 가문이 처음에는 앞으로 치고 나가지만 다른 가문에게 결국 따라잡히는 시나리오다. 두 번째는 한 가문이 포도당을 써서 빠르게 증식하고 다른 가문은 포도당을 이용할 때 만들어지는 부산물을 써서 증식했을 가능성이다.

두 가능성 중 S와 L 가문의 공존을 낳은 기작은 두 번째 시나리오로 판명되었다. L 가문은 S 가문보다 포도당을 잘 사용해 번식하지만 포도당의 부산물인 아세트산은 잘 이용하지 못한다. 반면 S 가문은 L 가문이 이용하지 못하는 아세트산을 잘 활용한다. 각 가문의 강점과 약점이 결합하면 공존이라는 결론으로 이어진다. 새로운 DM25 배양액으로 옮겨진 Ara-2 부족 내부에서 처음엔 L 가문이 포도당을 활발히 대사하며 세를 올리지만 곧 포도당이 떨어지고 대신 증가한 부산물인 아세트산을 대사하며 S 가문이 기울고 있던 가세를 다시 회복한다. 매일 플라스크에서 플라스크로 계대 배양이 진행되는 동안 두 부족 간의 이러한 경쟁과 공존이 계속 반복되어 온 것이다.

초돌연변이성의 진화

렌스키의 LTEE에서 나타난 주목할 만한 또 다른 현상은 바로 '돌연변이성'의 진화였다. 생물에게 돌연변이는 양날의 검이다. DNA 복제 과정에서 실수로 돌연변이가 발생하기도 하고 화학 물질이나 자외선 등에 의해 DNA가 손상되어 돌연변이가 나타나기도 한다. 이런 돌연변이가 너무 많이 만들어지거나 고쳐지지 않으면 안정적인 유전이 불가능하고 생명체의 기능도 망가진다. 하지만 돌연변이가 아예 발생하지 않는다면 생물은 진화할 수 없다. 변이가 있어야 새로운 구조나 기능이 출현할 수 있기 때문이다.

흥미롭게도 대장균 열두 부족 중 절반에 해당하는 여섯 부족에서 돌연변이 빈도가 최대 100배 가까이 증가하는 초돌연변이성이 진화했다.[4] 예컨대 Ara-1 부족에서는 2만 세대쯤 급격히 돌연변이 빈도가 증가하는 현상이 나타났다. 이러한 돌연변이율의 증가는 돌연변이를 교정하는 DNA 수선 기구에 돌연변이가 발생했기 때문인 것으로 밝혀졌다.

초돌연변이성의 진화는 돌연변이에 대한 새로운 관점을 제공한다. 돌연변이는 무작위적으로 발생한다고 여겨지지만 돌연변이가 발생하는 빈도는 물리 법칙에 의해 고정된 값이 아니다. 돌연변이의 생성 및 제거에 관여하는 유전자들의 변이에 따라 돌연변이율은 달라질 수 있다.

렌스키의 LTEE는 환경 변화가 돌연변이의 발생 속도를 변화시키는 자연선택을 촉진할 수 있음을 보여준다. 대부분의 돌연변이는 생물에 해롭거나 아무런 영향을 미치지 않는다. 따라서 이미 주어진 환경에 잘 적응한 생물에게는 돌연변이가 큰 위협이 되며 DNA 수선 유전자 등에 돌연변이가 발생하면 자연선택에 의해 제거된다. 하지만 환경이 급격히 변하는 상황에 처하면 골칫거리였던 돌연변이가 희망으로 탈바꿈한다. 아주 가끔 새로운 환경에 더 잘 적응할 수 있는 변이가 '로또'처럼 출현하기 때문이다. 초돌연변이성 그 자체로는 대장균에게 매우 해로운 형질로 자손 대부분의 적응도를 감소시키지만 그중 적응변이를 획득한 극히 일부의 자손에서 종합적으로는 적응도를 증가할 수 있으며 결과적으로 적응변이와 함께 초돌연변이성을 일으키는 변이 또한 집단 내에서 퍼지게 된다.

이러한 초돌연변이성의 진화는 궁극적으로 로또의 확

률에 의해 결정된다. 새로운 DM25 배양액 속에서 대장균을 키웠을 때 빈번하게 초돌연변이성이 진화하는 이유는 돌연변이를 통해 적응변이가 출현할 로또의 확률이 증가해서다. 이미 오랫동안 특정 환경에 적응한 집단에서 추가적으로 적응변이가 출현할 가능성은 현저히 낮다. 반면 새로운 환경에서는 그 환경에 더 적합한 변화를 가져다주는 변이가 존재할 가능성이 크고 그만큼 로또의 당첨 가능성도 증가한다.

우연과 필연

수만 세대 동안 진행된 렌스키의 LTEE는 굴드가 제기한 '우연과 필연'의 문제를 검토할 수 있는 중요한 기회를 제공한다. 그중에서도 가장 유명한 사례가 바로 시트르산 대사의 진화다. DM25 배양액 속에는 시트르산이 영양분이 아닌 킬레이트제로서 첨가되어 있다. 일반적인 대장균은 무산소 조건에서만 시트르산을 세포 안으로 운반한다. 따라서 유산소 조건에서 배양된 대장균 부족들은 배양액 속의 시트르산을 영양분으로 이용하지 못한다.

그런데 Ara-3 부족에서 3만 세대가 지났을 무렵 유산소 조건에서도 시트르산을 세포 내로 수송하여 활용할 수 있는 '혁신'이 일어난다.[5] 이 혁신을 통해 Ara-3 부족은 항상 주변에 널려 있었지만 조상들은 먹지 못했던 새로운 식량원(시트르산)을 확보하게 된다. 흥미롭게도 이러한 혁신은 다른 열한 부족에서는 관찰되지 않았다.

시트르산을 활용할 수 있는 혁신은 어떤 부족에게나 이롭다. 그런데 왜 유독 Ara-3 부족에서만 이런 혁신이 일어났을까? 한 가지 가능성은 시트르산을 활용할 수 있는 돌연변이를 획득할 확률이 매우 낮은 경우다. 마치 로또를 구입한 사람 중 매우 소수만 운 좋게 거액의 당첨금을 거머쥐는 것처럼 Ara-3 부족에서만 운 좋게 그런 돌연변이가 일어났을 가능성, 즉 '우연'의 산물일 가능성이다.

대장균의 장점은 실제로 이 가설을 시험할 수 있다는 데에 있다. Ara-3 부족에서 일어난 일이 순전히 우연이었다면 진화의 테이프를 혁신 이전의 시점으로 되돌렸을 때 다시 혁신이 일어날 가능성은 매우 낮을 것이다. 로또 당첨자가 다시 로또에 당첨될 확률이 극히 낮은 것처럼 말이다. 그런데 얼려서 보관 중인 혁신 이전 세대의 대장균들을 렌스키의 연구팀이 다시 녹여 여러 번 독립적으로 진화시켰을 때 놀랍게도 시트르산 혁신은 빈번히 일어났다. 마치 이러한 혁신이 '필연'인 것처럼 말이다.

다른 부족에서는 일어나지 않는 혁신이 Ara-3 부족에서는 왜 반복해서 일어날까? Ara-3 부족을 둘러싼 우연과 필연을 어떻게 이해해야 할까? 한 가지 힌트는 혁신 이전의

Ara-3 조상들이 모두 동일한 혁신 잠재력을 가지고 있지 않았다는 점에서 찾을 수 있다. 진화의 테이프를 조금 되감은 가까운 조상에서는 혁신이 다시 일어났지만 테이프를 많이 되감아 2만 세대 이전의 먼 선조로 올라가면 혁신이 일어나지 않았다. 이는 2만 세대까지 누적된 변이들이 혁신이 일어날 수 있는 기반을 제공했다는 의미다. 그리고 이러한 변이의 누적에는 우연이 많이 작용했기 때문에 Ara-3를 제외한 나머지 부족은 혁신의 기반을 갖추지 못한 것이다. 말하자면 Ara-3 부족에서 누적된 우연이 필연의 어머니가 된 셈이다.

진화는 반복된다

렌스키의 대장균 부족들이 새로운 배양 조건에서 혁신을 이어가는 동안 플라스크 바깥의 인간도 수많은 기술적 혁신을 성취했다. 그중 하나가 바로 DNA 시퀀싱 기술의 발전이다. 렌스키가 실험을 시작했을 때와는 비교할 수 없이 빠른 속도와 저렴한 비용으로 DNA의 염기서열을 들여다볼 수 있게 되면서 렌스키의 열두 대장균 부족들의 가치는 더 빛을 발하게 된다. 얼어있던 대장균 부족들의 조상들을 녹여 진화 과정과 기작을 단일 유전자 수준에서 분석할 수 있게 되었기 때문이다. 이는 보이는 세계에서의 진화('표현형'

의 진화)를 가능케 하는 보이지 않는 세계에서의 진화('유전자형'의 진화)를 읽을 수 있게 되었다는 뜻이기도 하다.

렌스키 연구팀은 2012년 《네이처》에 전 유전체 시퀀싱을 통해 Ara-3 대장균 부족에서 일어난 시트르산 활용의 혁신을 분석한 연구 결과를 발표한다.[6] 여기서 연구팀은 어떻게 대장균이 시트르산을 활용할 수 있게 되었는지 자세한 분자 기작을 밝혀냈다. 대장균 부족의 선조들은 배양액 속의 시트르산을 세포 안으로 수송하지 못했다. 그 이유는 시트르산 운반 단백질을 만들어내는 *citT*라는 유전자가 유산소 조건에서는 발현하지 않기 때문이다. 그런데 Ara-3 대장균 부족에서는 유산소 조건에서도 *citT* 유전자가 발현하는 혁신이 일어난다. 이를 통해 진화한 Ara-3 부족은 유산소 조건에서도 시트르산을 세포 내로 운반할 수 있게 되어 시트르산으로부터 에너지를 얻게 된다.

3만 1500세대쯤 일어난 이 혁신을 이해하기 위해 연구팀은 *citT* 유전자를 자세히 들여다봤다. 놀랍게도 혁신이 일어난 이후의 Ara-3 부족에서 돌연변이로 인해 *citT* 유전자의 수가 늘어나 있음을 발견하게 된다. 더 중요한 건 수가 아니라 *citT* 유전자가 유전체 내에 증폭되는 과정에서 새로운 조절 모듈이 만들어졌다는 점이었다. 원래 *citT*는 *citG*라는 유전자의 뒤에 붙어있고 두 유전자는 *citG* 앞에 있는 스위치에 의해 조절된다. 그런데 이 스위치는 유산소 조건에서는 켜지지 않는다. 대장균 부족 선조들이 배양액 속의 시트르산을 이용하지 못하는 이유가 바로 이 스위치 때문이다.

그런데 Ara-3 부족에서 발생한 유전자 복제 돌연변이로 늘어나게 된 *citT* 유전자 한 벌이 *citG*가 아닌 *rnk*라는 유전자 앞에 위치한 스위치의 조절을 받게 된다('*rnk* 스위치-*citT* 유전자 모듈'). 바로 이 스위치가 유산소 조건에서도 켜지는 스위치다. 그 결과 시트르산을 운반할 수 있는 단백질이 유산소 조건에서도 *rnk* 스위치-*citT* 유전자 모듈에서 만들어지게 되고 이 혁신을 통해 Ara-3 부족 내에서 시트르산을 활용할 수 있는 대장균들이 등장하여 퍼지게 된다.

citT 유전자의 복제 돌연변이를 통해 일어난 혁신은 또 다른 혁신으로 이어졌다. 유산소 조건에서 시트르산 운반 단백질을 만들어낼 수 있는 *rnk* 스위치-*citT* 유전자 모듈이 출현하자 이를 추가적으로 복제하는 진화가 뒤따른 것이다. 모듈의 수가 늘어나면서 시트르산 운반 단백질의 생산량 또한 늘어나게 되어 대장균들이 배양액 속의 시트르산을 더 잘 이용할 수 있게 되었다.

한편 Ara-3 부족의 테이프를 거꾸로 돌려 다시 진화시킨 '리플레이' 실험에서 확인된 우연과 필연의 오묘한 조합은 분자 수준에서도 모습을 드러냈다. 연구팀은 리플레이를 통해 탄생한 부족들 중에서 마찬가지로 시트르산 활용 혁신을 달성한 부족들의 유전자를 살펴봤다. 그 결과 모두 *citT*

유전자에 돌연변이가 발생했다는 사실을 확인했다. 진화가 '시트르산 활용'이라는 '현상' 수준을 넘어 '시트르산 운반 유전자의 변이'라는 분자 기작의 수준에서도 반복되고 있다는 걸 확인한 것이다.

동시에 *citT* 유전자로 모아지는 분명한 필연의 패턴 속에서 일정 수준의 우연성도 드러났다. 반복된 진화에서 *rnk* 스위치-*citT* 유전자 모듈이 여러 번 독립적으로 재생산됐지만 다른 방식의 혁신도 가능하다는 게 밝혀진 것이다. 어떤 리플레이 부족은 *rnk* 스위치 대신 그 앞에 위치한 *rna*라는 유전자의 스위치와 *citT* 복제 유전자의 결합으로 '*rna* 스위치-*citT* 유전자 모듈'을 발명하여 혁신을 이룩했다. 아예 유전자 복제 없이 혁신을 달성한 부족도 많았다. 리플레이 부족 중 일부는 유전자 복제가 아니라 전이인자의 삽입을 통해 *citT* 유전자 발현의 변화를 획득했다. IS3이라는 전이인자는 유전자 스위치의 기능을 할 수 있는데 이러한 전이인자가 *citT* 유전자 앞에 끼어들면서 *citT*가 유산소 조건에서 억제되는 기존의 스위치의 지배에서 벗어나게 된 것이다. 요컨대 유산소 조건에서 *citT* 유전자를 발현하는 혁신은 '필연적으로' 일어났지만, 각각의 리플레이 부족들은 그 목적에 이르는 여러 갈래의 길 중 하나를 '우연히' 선택한 것이었다.

평행진화와 자연선택의 표적들

특정한 효소가 특정한 화학 반응을 매개하듯 특정한 유전자의 변화가 특정한 적응을 매개한다는 관점은 진화에서의 필연성을 강조할 뿐만 아니라 진화라는 현상을 매우 구체적이고 분자 수준에서 분석할 수 있는 개념 틀을 제공한다. 렌스키의 LTEE를 통해 우리는 진화 과정에서 자연선택의 표적들이 실제로 존재하는지, 얼마나 많은 유전자가 특정 적응 과정의 표적이 되는지를 검토할 수 있다. 앞서 살펴본 리플레이 실험이 그 한 가지 접근법이다. 시트르산 활용의 진화는 적응 과정에서 자연선택이 선호하는 특정한 유전자 '표적'(*citT*)이 존재한다는 걸 분명하게 보여준다.

다른 한 가지 접근법은 평행진화를 살펴보는 것이다. 렌스키의 대장균 열두 부족은 동일한 조건에서 교류 없이 평행하게 진행되었다. 만약 이렇게 독립적으로 진화한 열두 부족에서 동일한 유전자에 발생한 변이가 빈번하게 선택된다면('평행진화'), 이러한 유전자들을 자연선택이 선호하는 표적이라고 부를 수 있을 것이다. 그리고 이러한 표적의 수가 적으면 적을수록 적응도의 증가를 향해 나아가는 갈림길이 적어지기 때문에 적응 과정의 '우연성' 또한 감소한다고 볼 수 있다.

대장균 열두 부족에 대한 분석 결과 실제로 평행진화의

흔적이 두드러지게 나타났다. 서로 다른 부족에서 같은 유전자에 발생한 변이들이 빈번하게 선택되었다는 사실이 확인된 것이다. 구체적으로 따지자면 전체 유전자 수의 2퍼센트에 불과한 57개의 유전자에서 아미노산 서열을 변화시키는 비동의돌연변이의 절반 가까이가 발견되었다. 매우 소수의 유전자가 DM25라는 새로운 환경에 적응하는 과정에서 자연선택의 타깃이 되고 있는 것이다. 대사를 조절하는 유전자들을 포함하여 타겟이 되는 유전자들의 정체도 드러났다.

렌스키의 LTEE가 거둔 매우 큰 성공은 '진화를 실험한다'는 접근법의 유용성을 입증하여 다른 연구팀들이 실험진화 프로젝트에 착수하는 데 큰 동기를 부여했다.[7] 대장균 외에도 다양한 모델 시스템에서 전개되어 온 실험진화 연구는 진화와 적응에 수반되는 분자 과정과 유전 기작을 밝혀내고 있다. 덕분에 우리는 우연과 필연의 관념적인 이분법을 넘어 둘의 적절한 배합으로 진행되는 역동적인 생명 진화의 다양하고 구체적인 메커니즘을 배워가고 있다.

'우연과 필연'을 철학적으로 사유한 분자생물학자 자크 모노

우리는 삶과 세계를 목적론적으로 바라보는 데에 익숙해져 있다. "왜 사나요?"라는 질문에 "살아있으니까요"라는 대답 대신 "행복하기 위해서요"라고 대답하는 사람을 찾는 것이 어렵지 않다. 우리는 돈을 벌기 '위해' 일하고 생계를 유지하고 원하는 것을 사기 '위해' 돈을 번다. 더 좋은 직장을 얻기 '위해' 열심히 공부를 하고 새로운 경험을 하기 '위해' 여행을 간다. 요컨대 목적론적 세계에서 살아가는 인간의 행동에는 다 이유가 있다.

모든 생물은 종족 보존을 하기 '위해' 살아가는 것처럼 보이며 생물이라는 시스템을 이루는 구성요소들 또한 목적을 지닌 것처럼 보인다. 면역세포는 병원균을 공격하고 신체를 방어하기 '위해' 존재하는 것처럼 보이고 식물의 엽록체는 광합성을 하기 '위해' 세포 속에 들어있는 것처럼 보인다. 동물의 날개는 하늘을 날기 '위해', 식물의 꽃은 번식을 하기 '위해' 만들어지는 것 같다.

반면 무생물은 아무런 목적을 지니지 않고 있는 것처럼 보인다. 구름은 바람을 따라 흘러다니고 돌은 제자리에 앉아 비바람에 깎여나가며 강물은 중력을 따라 높은 곳에서 낮은 곳으로 흘러간다. 지구는 원심력과 구심력의 균형이 이뤄지는 궤도를 따라 태양 주위를 돌고 달도 마찬가지로 지구 주위를 돈다. 구름과 강, 바람, 지구, 달에게 어떤 목적이 있다고 생각하는 사람은 잘 없을 것이다.

사실 서구에서는 뉴턴이 물리 법칙으로 천체의 움직임을 설명하기 전에 물질 또한 본성을 실현하려는 목적을 지니고 있다는 아리스토텔레스적 세계관을 지니고 있었다. 물건이 땅으로 떨어지는 이유는 중력 때문이 아니라 무거움의 본성 때문이라는 식이다. 16세기에 일어난 과학혁명을 통해 생명이 없는 물질은 목적론적 세계에서 해방되었음에도 불구하고 생물은 완전한 해방을 누리지 못했다. 생기론자는 생물에는 무생물에는 없는, 목적을 실현하려는 특별한 생명력이 들어있다고 믿었다. 많은 사람이 여전히 이러한 생기론적 시각을 지니고 있다.

유전자 조절 기작을 발견한 공로로 노벨 생리의학상을 수상한 자크 모노는 명저 《우연과 필연》에서 생물을 목적론적 세계에서 해방하여 보편적인 근대 과학 체계 안에 위치시킨다. 모노는 인간이라는 생물 역시 물질화한다.

모노는 목적론적teleological으로 해석해온 생물의 특성을 합목적성teleonomy으로 대체한다. 이때의 합목적성은 의도나 의지로서의 목적이 아니라 '결과'로서의 목적이다. 생물을 이루는 물질들이 생존과 번식에 최적화되어 있는 것은 생존과 번식을 '위해' 그렇게 만들어진 것이 아니라, 생존과 번식에 유리했기 때문에 그렇게 만들어지는 것이다. 여기서 자연

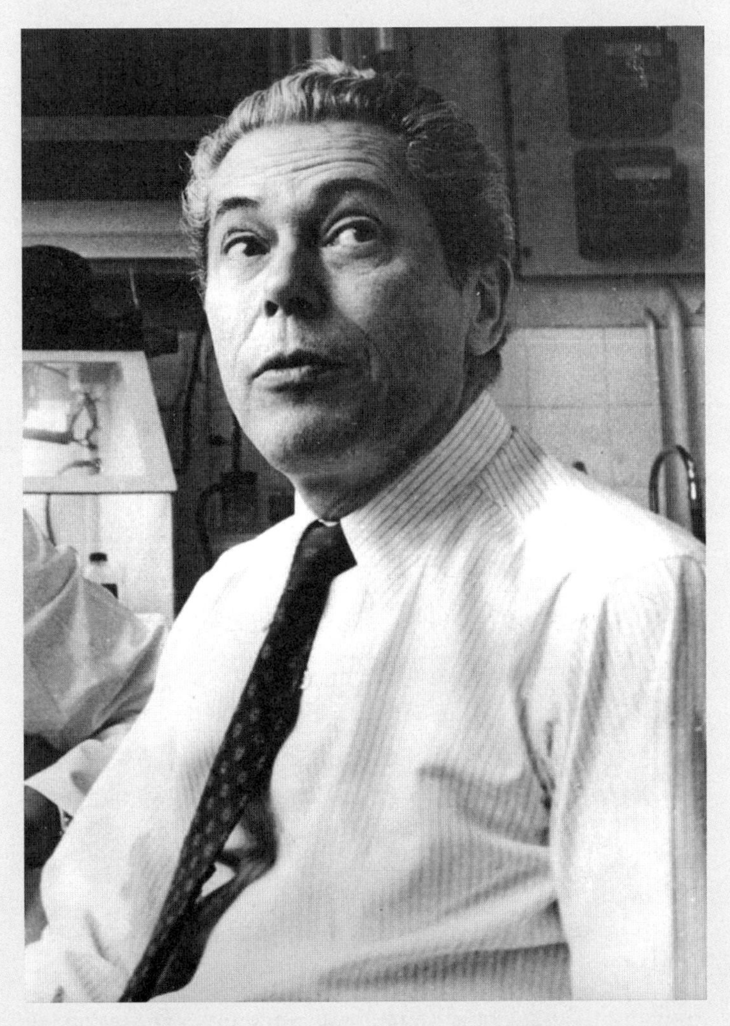

분자생물학자 자크 모노는 저서《우연과 필연》을 통해 현대 생물학의 철학적 함축을 탐구했다. ©wikipedia

선택은 '적자생존'이라는 합목적성을 부여하는 '필연'의 힘으로서 작동한다. 생물은 돌연변이와 같은 '우연'의 지배를 받는 물리화학적 사건들이 씨줄이 되고 자연선택이라는 필연이 날줄이 되어 만들어진 직물이다. 무생물이 합목적성을 지니지 못하는 이유는 자기복제 능력이 없는 죽은 물질이라 자연선택이라는 필연을 입을 수 없기 때문이다.

기독교적 세계관에서는 절대자인 신이 모든 피조물에게 목적을 부여한다. 생물은 그 목적이 이끄는 데로 살아가며 인간의 경우 그 목적을 의식적 차원에서 깨우치고 실현해야 한다. 반면 '우연과 필연'의 세계관에서 인간을 포함한 모든 생물은 내재적인 목적을 지니고 있지 않다. 다만 진화가 우리를 합목적적 존재로 만들었을 뿐이다.

필자에게는 이 지점이 너무나 심오한 미스터리다. 목적 없는 물질이 운동하며 어떻게 목적을 추구하는 인간을 만들어냈을까? 원자에는 슬픔도, 기쁨도, 행복도, 좌절도 없는데 어떻게 우주에서 그 모든 것을 느끼면서 선을 추구하고 악을 멀리하려는 인간이 등장하게 되었을까? 우주 어디에도 목적을 지닌 물질이 없다면 나를 이해하기 '위해' 진화를 공부하는 나 자신의 출현을 어떻게 이해할 수 있을까? 이런 질문에 대해 모노의 생명철학은 합목적적인 존재를 번성시키는(자연선택하는) 우주의 본성 때문이라고 답할 것이다. 그렇다면 우주는 왜 그러한 본성을 지니고 있을까? 우주가 그런 본성을 지닌 것은 우연일까 필연일까? 아마도 이 질문에 대한 대답은 (그런 것이 만약 존재한다면) 생물학 바깥, 어쩌면 과학 너머에서 찾아야 할지도 모르겠다.

13

우연을 길들이는 필연

적응의 유전학

'적응adaptation'은 진화생물학에서 가장 중요한 개념 중 하나이면서 일상생활에서도 흔히 쓰는 용어다. "그 친구는 어딜 가든 적응을 잘해." 혹은 "새로운 직장에 적응하는 데 어려움을 겪고 있어"와 같은 일상 표현에서 '적응'은 환경에 맞추어 자신을 내적 혹은 외적으로 변화시킨다는 의미를 지닌다. 개체 수준에서 나타나는 이러한 적응은 인간뿐만 아니라 박테리아에서 동식물까지 보편적으로 나타나는 생명의 특성이다. 환경의 변화에도 안정된 생리 상태를 유지하는 항상성(예를 들어 체온 조절)이나 환경에 따라 개체의 표현형이 달라지는 표현형 가소성(예를 들어 카멜레온 색상 변화)에서 이러한 적응 현상을 관찰할 수 있다.

반면 진화생물학에서 말하는 적응은 '집단(종)' 수준에서 진행되는 '유전적'인 적응이다. DNA의 변화 없이 일어나는 개체의 일시적인 적응과 달리 진화적 적응은 개체의 탄생과 죽음을 통한 집단 내 DNA의 변화를 수반한다. 환경의 변화가 오랫동안 지속되면 변화된 환경에 더 유리한 DNA 변이를 지닌 개체가 덜 죽고 더 태어난 결과 집단 내에서 해당 변이와 적응 형질이 퍼지는 자연선택이 일어난다. 진화적 적응은 바로 이러한 자연선택의 결과물이다.

말 그대로 스케일이 다른 두 종류의 적응은 사실 매우 밀접한 관련을 맺고 있다. 개체 수준에서 실시간으로 나타나는 생리적, 발생적, 행동적 적응은 궁극적으로 자연선택을 통한 유전적 적응의 산물이기 때문이다. 환경 변화에 대한 개체의 반응은 유전자의 활동에 의존한다. 예를 들어 인체는 DNA 속에 코딩되어 있는 호르몬을 활용하여 항상성을 유지하고 우리의 뇌는 전기 신호를 전달하는 이온 채널 유전자 덕분에 행동 반응을 지시할 수 있다.

생명체의 DNA 속에 담겨 있는 유전자와 이들이 맺고 있는 관계의 총체, 유전자 조절 네트워크gene regulatory network, GRN는 개체가 다양한 환경에서 나타내는 표현형의 패턴, 즉 반응양태를 결정한다. 그런데 GRN을 이루는 유전자들은 고정불변의 구성요소가 아니다. DNA의 복제 오류나 손상, 염색체의 부정확한 교차, 전이요소의 활동 등으로 인해 끊임없이 돌연변이가 발생하기 때문이다. DNA의 서열이 달라지는 '분자진화'의 결과 GRN을 구성하는 노드node(유전자)와 에지edge(유전자 상호작용)가 달라질 수 있으며 이러한 GRN의 진화는 환경에 대한 반응양태의 진화로 이어질 수 있다. 여기서 자연선택은 환경에 이로운 변이는 퍼뜨리고 해로운 변이는 제거하여 반응양태를 개체가 살아가는 조건에 최적화하는 역할을 한다. 이러한 과정을 거쳐 극지방에 살아가는 동물들은 강추위에 견딜 수 있는 생리 및 행동 반응을 가능케 하는 유전변이들을 누적했고 사막에서 살아가는 동물들은 건조한 환경에 적응할 수 있는 GRN과 반응양태를 갖추게 된 것이다.

운명을 결정하는 냄새

유전학의 대표 모델 종 중 하나인 예쁜꼬마선충의 발생 과정은 환경 변화에 대한 적응을 연구하기에 매우 매력적인 특성을 지니고 있다. 예쁜꼬마선충은 어린 유충 시기 환경 조건을 감지하고 두 가지 발생 경로 중 하나를 택한다. 먹이가 풍부하고 경쟁이 적은 조건에서 알에서 깨어난 유충은 사흘이면 성체로 자라나 생식을 시작한다. 반면 먹이가 부족하고 경쟁이 치열한 열악한 환경 조건에서 유충은 다우어라는 대체적인 발생 단계로 접어든다.

다우어는 일종의 동면 시기로서 섭식을 중단하고 성장과 발생이 정지된다.[1] 그만큼 생식 또한 유보된다. 그 대신 생존 가능성이 극대화된다. 다우어는 각종 스트레스에 저항성을 보일 뿐 아니라 아무것도 먹지 않고 일반적인 수명의 몇 배에 해당하는 수개월 동안 생존할 수 있다(다우어 발생을 조절하는 유전자 연구를 통해 최초의 장수 유전자가 발견되기도 했다[2]). 그러다 다시 우호적인 서식처를 찾게 되면 다우어는 동면을 중단하고 성체로의 발생을 재개한다.

예쁜꼬마선충은 생애 초기에 적응도를 결정하는 두 요소인 생존과 생식을 두고 환경에 따라 적절한 트레이드오프를 선택해야 한다. 곧바로 성체로 발달하는 발생 궤적을 선택하면 금방 자손을 퍼뜨릴 수 있지만, 악조건 속에서는 그런 번식 노력이 무위에 그칠 수 있다. 반면 다우어 발생은 개체의 생존 가능성을 높일 수 있지만 풍족한 환경에서는 번식에서 뒤처지게 된다.

예쁜꼬마선충은 환경에 따라 다우어가 될지 말지에 대한 '합리적' 결정을 내린다. 그 힘은 바로 환경 정보를 감지하고 판단하여 발생 운명을 조절하는 다우어 GRN에서 나온다. 유전학자들은 수십 년 동안의 연구로 다우어 GRN을 구성하는 유전자들(환경 정보를 감지하는 센서 유전자, 센서의 신호를 증폭하여 전달하는 신호 전달 유전자, 신호 정보를 종합하여 전체 세포에 발생의 운명을 전달하고 실행시키는 호르몬 유전자 등)을 밝혀냈다.

다른 개체와의 경쟁은 다우어 GRN을 통해 처리되는 핵심적인 환경 조건 중 하나이다. 예쁜꼬마선충은 개체 한 마리가 며칠 만에 수백 마리로 불어날 수 있기 때문에 미리 개체 수 폭발로 인한 자원 부족에 대비하지 않으면 안 된다.

이때 눈이 없는 예쁜꼬마선충은 개체의 밀도를 '냄새'로 판별한다. 예쁜꼬마선충은 다양한 화학 물질로 이루어진 페로몬을 분비하는데 개체 수가 많아질수록 페로몬의 농도 또한 덩달아 증가한다.

예쁜꼬마선충은 머리에 인간의 코와 같은 감각기관을 지니고 있다. 이곳에 자리 잡고 있는 화학감각뉴런 중 일부가 페로몬을 감각하는 페로몬 센서 단백질을 탑재하고 있다. 페로몬이 이 센서에 결합하면 화학감각뉴런의 활성이 변하게 되고, 이는 다우어 GRN에 의해 '페로몬의 농도=개체 밀도'로 해석되어 발생의 운명을 결정한다. 실제로 많은 수의 개체를 키운 배양액에서 페로몬을 추출하여 처리해주면 개체 밀도가 매우 적어도 진한 냄새에 속아 다우어로 발생하게 된다(예쁜꼬마선충이 분비하는 페로몬의 정체는 '아스카로사이드'라는 당과 지방산 등으로 이루어진 모듈 구조의 화합물로 연세대학교 백융기 교수 연구팀이 그 구조를 최초로 밝혔다.[3] 지금까지 수십 종류 이상의 아스카로사이드 페로몬이 다양한 선충에서 발견되었다).

자연변이를 찾아서

열악한 환경 속에서 다우어가 되어 생식을 유보하는 것

은 예쁜꼬마선충만이 아니다. 양극화, 취업 경쟁, 부동산 문제, 교육비 부담 등이 심화되며 출산율이 세계 최저로 떨어진 한국의 청년층의 처지 또한 별반 다르지 않아 보인다. 그런데 똑같이 팍팍한 조건 속에서도 개인의 기질에 따라 어떤 청년은 결혼과 출산을 감행하고 어떤 청년은 비혼과 비출산을 택한다.

그렇다면 모든 예쁜꼬마선충은 똑같은 환경 조건에서 똑같은 선택을 내릴까? 필자는 앞서 설명한 두 차원의 적응(개체 수준과 집단 수준)의 연관성을 탐구하기 위해 야생 예쁜꼬마선충 '집단'에 주목했다. 인종마다 생김새가 다른 것처럼 전 세계 각지의 다양한 서식처에서 채집된 야생 예쁜꼬마선충 스트레인들은 DNA 서열에서 차이를 보일 뿐만 아니라 이러한 유전적 변이로 인해 행동, 발생, 면역 등의 형질에 대한 차이를 나타낸다는 사실이 알려져 있었다.[4]

필자는 야생 예쁜꼬마선충 집단 속에서 발견되는 다양한 자연 유전변이가 다우어 GRN의 네트워크를 바꾸어 같은 환경에서도 다른 발생 운명을 선택할지도 모른다는 가설을 세우고 이를 실험했다. 그 결과 실제로 같은 환경 조건에 대해서 사람들이 기질에 따라 다른 의사결정을 내리는 것처럼 야생 스트레인들 또한 같은 조건에서 제각각의 발생 운명을 선택한다는 사실이 밝혀졌다. 동일한 양의 먹이와 동일한 양의 합성 페로몬을 제공된 조건에서 어떤 야생 스트레인은 모든 개체가 다우어가 된 반면 어떤 스트레인은 아무도 다우어가 되지 않았다. 대부분의 야생 스트레인들은 일부 개체는 다우어가 되고 일부 개체는 성체로 발생하는 중간 정도의 표현형을 나타냈다.

필자는 여기서 한발 더 나아가 야생 스트레인 간의 어떠한 유전적 차이가 운명 결정의 차이를 가져왔는지 밝히고자 했다. 이를 위해 DNA의 서열 차이와 표현형(여기서는 다우어 발생) 차이의 연관성을 분석하는 전장 유전체 연관성 분석GWAS을 수행했다. 표현형 변이와 무관한 수많은 유전변이를 백사장의 모래알, 표현형 변이와 연관된 소수의 유전변이를 바늘이라고 한다면 GWAS는 백사장에서 바늘을 찾아낼 수 있는 강력한 자석에 해당하는 통계적 분석 방법이다. GWAS를 적용한 결과 전체 유전체 DNA 중에서 페로몬에 의한 다우어 발생의 자연변이와 연관된 부분이 최소 네 군데가 발견되었다. 이 중에서도 필자는 X염색체에 주목했다. X염색체와 관련하여 이미 페로몬 반응과 다우어 운명 결정의 진화에 대한 연구가 발표된 적이 있었기 때문이다.

길들임의 평행진화

2011년 미국 록펠러대학교의 코닐리아 바그먼Cornelia

Bargmann 연구팀은 《네이처》에 짧지만 매우 흥미로운 논문을 발표한다.[5] 야생 서식처에서 살던 예쁜꼬마선충이 연구를 위해 실험실에서 길들여지면서 일어난 유전적 적응에 대한 연구 결과였다.

예쁜꼬마선충 '길들임'의 역사는 1950년대까지 거슬러 올라간다.[6] 1951년 영국 브리스톨에서 야생 예쁜꼬마선충이 발견된다. 이 스트레인은 1957년 미국 캘리포니아에 위치한 카이저재단연구소로 보금자리를 옮긴다. 그리고 1963년 이 스트레인은 예쁜꼬마선충 유전학의 창립자인 시드니 브레너가 위치한 영국 케임브리지로 전달된다. 이 중에서 캘리포니아와 케임브리지 두 곳에서 수십 년 동안 독립적으로 계대배양이 이루어지면서 일종의 '분가'가 이루어진다. 두 가문 중 캘리포니아에서 길러진 스트레인은 'LSJ2'라는 이름을, 케임브리지에서 길러진 스트레인은 'N2'라는 이름을 얻게 된다.

똑같은 개체에서 갈라져 나온 두 가문은 상당히 다른 배양 조건에서 길러졌다. 영국의 N2 가문은 대장균을 뿌린 고체 한천 배지에서 길러진 반면 LSJ2 가문은 개체 밀도가 높은 액체 배양액 속에서 길러졌다. 그 결과 N2 가문은 여전히 페로몬에 반응하여 다우어로 발생하는 발생 가소성을 나타내지만 LSJ2 가문은 페로몬에 대한 반응성을 완전히 잃어버리게 된다. 아무리 높은 농도의 페로몬을 처리해주어도

LSJ2 가문의 개체들은 이를 무시하고 성체가 되는 운명을 택했다.

그런데 이렇게 두 가문의 운명이 갈린 것이 '우연'이 아니라 '필연'의 결과였음을 알려주는 발견이 이어진다. 페로몬 반응성을 유지하고 있는 N2 가문에서 갈라져 나온 CC1이라는 새로운 가문 덕분이었다. CC1 가문은 고체 한천 배지가 아니라 LSJ2 가문처럼 액체 배양액 속에서 길러졌는데, 불과 4년 만에 페로몬 반응성을 완전히 잃어버렸다는 사실이 밝혀진 것이다. 마치 똑같은 형상을 만들어내는 거푸집처럼, '액체 배양'이라는 환경 조건이 '페로몬 불감증'이라는 평행진화를 초래한 것이다. 연구팀은 심지어 이러한 평행 진화가 예쁜꼬마선충의 근연종인 *C. briggsae*에서도 일어난다는 사실을 확인했다.

더 놀라운 사실은 평행진화의 유전적 원인을 밝히는 과정에서 드러났다. N2와 LSJ2 가문을 교배시켜 태어난 잡종 자손들의 페로몬 반응성이 'X염색체'의 특정 부분을 누구에게서 물려받았는지에 의해 결정된다는 사실을 발견했다. 해당 염색체 부분의 DNA 염기서열을 자세히 들여다보니 LSJ2 가문에서 *srg-36*과 *srg-37*이라는 두 유전자가 사라진 결실 돌연변이가 발견됐다. 그런데 놀랍게도 LSJ2 가문과 마찬가지로 페로몬 반응성을 잃어버린 CC1 가문에서도 *srg-36*과 *srg-37*을 제거하는 비슷한 돌연변이가 발견되었다. 평행진화가

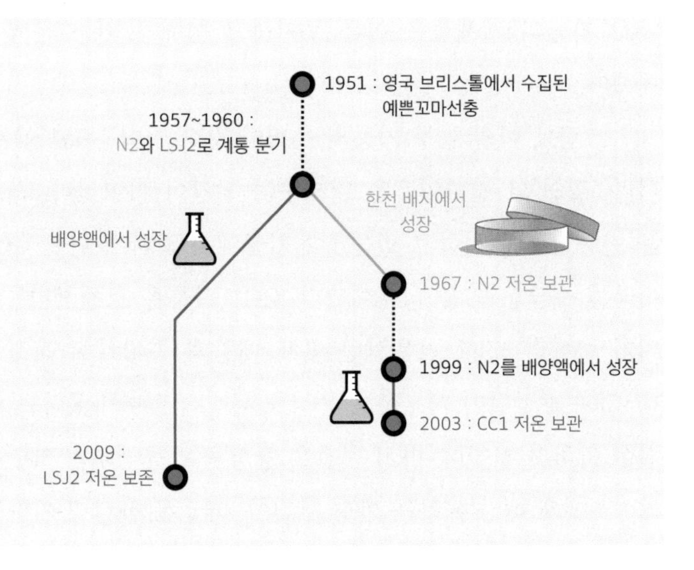

N2, LSJ2, CC1 가문은 모두 같은 조상으로부터 갈라져 나왔지만 길들임 조건의 차이로 인해 N2 가문을 제외한 두 가문은 페로몬 반응성을 상실했다.

페로몬 반응성의 상실이라는 '표현형' 수준뿐만 아니라 똑같은 유전자 두 개가 제거되는 '분자' 수준에서도 일어났다는 사실이 밝혀진 것이다.

돌연변이는 복권 당첨처럼 우연히 일어나는 사건이다. 그렇다면 어떻게 똑같은 유전자들을 제거하는 돌연변이가 두 가문에서 '독립적'으로 일어난 것일까? 미스터리한 평행진화의 비밀은 돌연변이로 사라진 두 유전자의 정체가 드러나면서 밝혀졌다. DNA에 나란하게 새겨진 *srg-36*과 *srg-37* 두 유전자는 G 단백질 연결 수용체G protein-coupled receptor,

GPCR을 코딩하는 유전자이며 하나의 조상 유전자로부터 유전자 복제를 통해 만들어진 패럴로그였다.

GPCR은 세포막에 위치해 화학 신호에 반응하는 센서로 기능할 수 있다. 연구팀은 이 유전자들이 센서로 기능할 가능성을 검토하기 위해 유전자의 발현 위치를 확인했다. 그 결과 두 유전자가 302개의 신경세포 중에서 딱 한 쌍의 페로몬 감각 신경세포에서만 특이적으로 발현한다는 사실을 확인했다. 연구팀은 원래는 페로몬에 무감각한 '통각' 뉴런에 인위적으로 *srg-36* 혹은 *srg-37* 유전자를 발현시켜주면 페로몬에 반응하게 되는 것을 보여줌으로써 두 패럴로그가 페로몬을 직접 감지하는 센서 유전자들임을 입증했다.

액체 배양 과정에서 돌연변이를 통해 제거되는 두 유전자가 페로몬 감지 센서임이 밝혀지면서 개체 수준의 적응과 집단 수준의 적응이 분자 수준에서 어떤 밀접한 연관을 지니고 있는지가 드러났다. 페로몬 센서 유전자는 예쁜꼬마선충 개체가 서식처의 개체 밀도를 추정하여 다우어 발생이라는 적응 형질을 나타낼 수 있도록 작동한다. 그런데 야생의 환경과 달리 실험실의 액체 배양 조건에서는 고농도의 페로몬과 풍부한 먹이에 상시 노출되는 환경 조건의 변화가 일어난다. 이런 조건에서는 페로몬을 무시하고 계속 발생과 생식을 지속하는 개체들이 더 높은 적응도를 갖게 된다. 길들임이 만들어낸 새로운 선택압으로 인해 페로몬 센서 유전자를 소실하는 돌연변이가 출현하게 되면 빠르게 퍼지고 결국 집단 내 모든 개체가 페로몬 반응성을 상실하게 된다. 요컨대 환경 변화에 따른 집단 수준의 적응으로 인해 개체 수준의 적응이 재정렬된 것이다.

다시, 우연과 필연의 조화

'우연'과 '필연'은 집단 수준의 적응을 만들어내는 씨실과 날실이다. 적응 형질을 가능케 하는 유전변이가 생성되는 과정은 '우연'이다. 수많은 유전변이 중 환경에 적합한 변이를 추려내고 조합하여 적응 패턴을 만들어내는 자연선택의 과정은 '필연'이다. 돌연변이라는 우연이 밀가루 반죽이라면 자연선택이라는 필연은 패턴을 빚어내는 쿠키 틀에 해당한다. 밀가루 반죽을 쿠키틀로 찍으면 틀 바깥의 반죽이 떨어져 나가면서 모양이 완성된다.

평행진화 과정에서 페로몬 센서 유전자가 반복해서 소실되는 이유도 이와 유사하다. *srg-36*과 *srg-37* 유전자는 다우어 GRN을 구성하는 수십 가지 유전자 중 일부일 뿐이며 돌연변이는 이들 중 어떤 유전자에나 일어날 수 있다. 실제로 돌연변이 실험을 통해 페로몬 센서가 만들어낸 신호를 증폭하는 유전자, 이로부터 실제로 발생 운명 스위치를 조절하는 유전자 등을 인위적으로 망가뜨리면 페로몬 반응성에 문제가 생기는 것이 확인된다. 그렇다면 액체 배양 과정에서 왜 하필 수많은 유전자 중 유독 페로몬 센서 유전자들만 반복해서 제거되었을까.

이러한 '필연'을 빚어내는 유력한 원인은 하나의 유전자가 다양한 형질에 영향을 주는 다면발현 효과로 추정된다. 다우어 GRN을 이루는 다른 유전자들은 망가뜨렸을 때 다우어 발생뿐만 아니라 스트레스 반응, 생식, 행동, 수명 등 많은 형질에 문제가 생긴다. 이러한 유전자들에 생긴 돌연변이는 페로몬 반응성 감소로 인한 긍정적 효과보다 다른 형질 변화로 인한 부정적 다면발현 효과가 더 클 가능성이 높다. 자연선택은 적응도를 떨어뜨리는 이러한 돌연변이들을 제거한다.[7] 반면 다우어 GRN의 가장자리에 위치한 센서 유전자는 다른 유전자들과의 상호작용도 제일 적고 부정적 다면발현 효과도 거의 없다. 이로 인해 길들임 과정에서 선호되는 '표적'이 된 것이다.

필자의 연구는 환경과 적응도라는 쿠키 틀이 실험실 바깥에서도 페로몬 센서 유전자 소실이라는 비슷한 평행진화 패턴을 찍어내고 있음을 밝혔다. GWAS를 통해 페로몬 반응성의 자연변이와 연관된 것으로 밝혀진 X염색체에는 길들임의 평행진화에 대한 연구에서 찾아낸 *srg-36*과 *srg-37* 두 페로몬 센서 유전자가 들어있었다. 야생 예쁜꼬마선충 집단에서

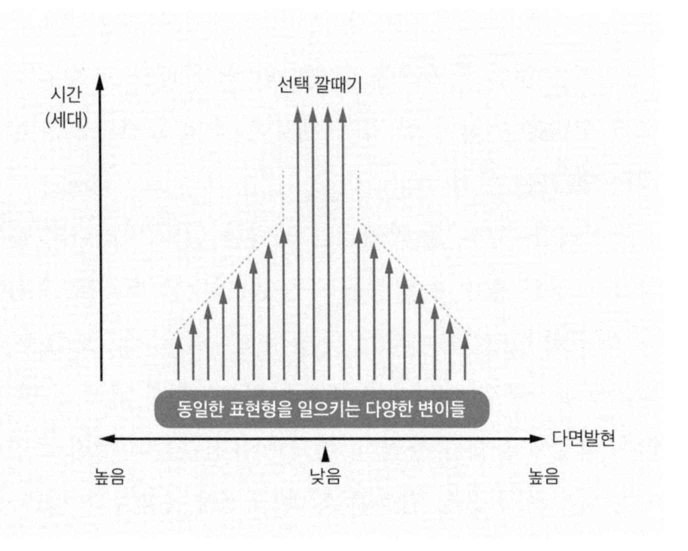

돌연변이는 모든 유전자에서 무작위적으로 발생하지만, 자연선택은 부정적인 다면발현 효과를 최소화할 수 있는 변이들을 재료로 사용하여 형질의 적응을 이끌어낸다.

이 두 유전자의 DNA 염기서열을 조사한 결과 *srg-37* 유전자의 기능을 망가뜨릴 것으로 추정되는 돌연변이가 야생 예쁜꼬마선충 집단에서 널리 퍼져 있음을 발견했다. 크리스퍼 유전체 편집 실험으로 이 돌연변이를 지닌 야생 예쁜꼬마선충들이 *srg-37*의 페로몬 감지 기능을 상실했고 그 결과 페로몬에 대한 반응성이 떨어져 있다는 사실이 입증되었다.

더 나아가 이 돌연변이를 지닌 개체들은 액체 배양 조건처럼 높은 개체 밀도의 군집이 자주 발견되는 썩은 과일에서 자주 발견되었다. 높은 개체 밀도의 환경이 페로몬 반응성의 감소와 페로몬 센서 유전자의 소실로 이어지는 필연의 패턴이 예쁜꼬마선충이 실험실에서 길들여지기 이전부터 자연 서식처에서 이미 작동하고 있었던 것이다. 다윈이 《종의 기원》에서 독자들에게 자신의 진화론을 이해시키기 위해 비교했던 '길들임'과 '자연선택'의 유사성을 분자 수준까지 보여준 이 연구 결과는 2019년 《네이처 생태 및 진화》에 발표되었다.[8]

인류가 바꾼 진화의 궤적

페로몬 센서 유전자인 *srg-37*에 생긴 돌연변이를 연구하는 과정에서 예상치 못한 사실이 밝혀졌다. 이 돌연변이를 지닌 야생 예쁜꼬마선충이 아시아, 유럽, 아프리카, 북미와 남미, 오세아니아 등 세계 각지에서 발견된 것이다. 똑같은 위치에 94개의 염기가 사라진 이 돌연변이가 여러 번 독립적으로 발생했을 확률은 극히 희박했다. 돌연변이가 위치한 DNA 주변의 염기서열에 대한 추가 조사를 진행한 결과 하나의 돌연변이가 전 세계로 퍼져나갔다는 사실이 확인되었다. 예쁜꼬마선충은 1밀리미터 남짓한 아주 작은 벌레다. 페로몬 센서 유전자가 망가진 돌연변이를 지닌 예쁜꼬마선충이 어떻게 전 세계로 퍼지게 되었을까?

그 힌트는 2012년 《네이처 유전학》에 발표된 야생 예쁜꼬마선충에 대한 집단유전학 연구에서 찾을 수 있었다.[9] 이 연구는 200가지의 야생 예쁜꼬마선충 스트레인에 대한 DNA 염기서열을 분석하여 예쁜꼬마선충의 드라마틱한 진화적 역사를 드러냈다. 환경에 유리한 적응변이들이 자연선택되는 동안 해당 변이가 위치한 염색체 부분이 마치 빗자루로 쓸어버린 것처럼 깨끗해지는(변이가 줄어드는) 현상을 선택적 스윕이라고 한다. 그런데 전 세계 예쁜꼬마선충 야생 군집의 염색체 곳곳에서 강력한 선택적 스윕의 흔적이 확인된 것이다.

게다가 이러한 스윕이 일어난 시기를 분석한 결과 인류 문명이 지구 생태계에 많은 영향을 미친 지난 수백~수천 년 사이에 일어났을 것으로 추정되었다. 연구팀은 이를 바탕으로 흥미로운 가설을 제시한다. 인류가 만들어낸 환경의 변화가 예쁜꼬마선충 야생 집단 내에서 새로운 적응변이들이 선택되는 강력한 자연선택을 이끌어냈으며 성공적으로 인류 생활권에 적응한 개체들이 무역과 같은 인간의 이동에 '히치하이킹'하여 전 세계로 퍼져나갔을 것이라는 시나리오였다. 실제로 과수원의 썩은 과일에서 자주 발견되는 예쁜꼬마선충의 생태적 특성을 감안하면 그럴듯한 가설이었다.

이 가설을 적용하면 똑같은 페로몬 센서 유전자 돌연변이가 언제, 왜 출현했으며 어떻게 전 세계 구석구석으로 퍼져나갈 수 있었는지에 대한 상상 또한 가능했다. 식량 자원이 풍족하지 않은 거친 야생 환경에서는 페로몬을 예민하게 감지하여 기민하게 다우어가 되어 생존을 도모해야 한다. 따라서 페로몬 센서 유전자의 기능을 보존하려는 자연선택이 작동한다.

하지만 인류의 농업은 이러한 선택압을 바꿔놓았을 것이다. 과수원처럼 풍부한 먹이가 제공되는 서식처들이 곳곳에서 늘어나면서 페로몬 센서 하나를 잃어버린 개체들이 더 많이 번식하게 되었고, 이러한 개체들이 과일과 같은 농산물의 무역을 통해 전 세계로 퍼져나갔을 가능성이 농후하다. 어쩌면 생물학 연구 모델로 활용하기 위해 예쁜꼬마선충을 연구실로 데려오기 이전부터 인류는 서식처 환경의 변화와 전 지구적인 이동을 통해 이미 이 종을 무수히 많은 다른 종들과 함께 길들여 오고 있었던 것일지도 모른다.

주

1장 이 모든 장엄함과 경이의 재료

1. Mendel, G. (1865). *Experiments in plant hybridization. Read at the meetings of the Brünn Natural History Society.* (Translated into English by William Bateson in 1901)
2. Darwin, C. (1859). *On the Origin of Species*. John Murray.

2장 생명의 레시피를 찾아라

1 Hong, M., Choi, M. K. & Lee, J. (2008). The anesthetic action of ethanol analyzed by genetics in Caenorhabditis elegans. *Biochem Biophys Res Commun.* 367, 219 – 225.

2 Heather, J. M. & Chain, B. (2016). The sequence of sequencers: The history of sequencing DNA. *Genomics.* 107, 1 – 8.

3 Lander, E. S. et al. (2001). Initial sequencing and analysis of the human genome. *Nature.* 409, 860 – 921.

4 Venter, J. C. et al. (2001). The sequence of the human genome. *Science.* 291, 1304 – 1351.

5 Fire, A. et al. (1998). Potent and specific genetic interference by double-stranded RNA in Caenorhabditis elegans. *Nature.* 391, 806 – 811.

6 Mouse Genome Sequencing Consortium et al. (2002). Initial sequencing and comparative analysis of the mouse genome. *Na-*

ture. 420, 520 – 562.

7 Austin, C. P. et al. (2004). The knockout mouse project. *Nat Genet* 36, 921 – 924.

8 Barrangou, R. et al. (2007). CRISPR provides acquired resistance against viruses in prokaryotes. *Science.* 315, 1709 – 1712.

9 Jinek, M. et al. (2012). A programmable dual-RNA-guided DNA endonuclease in adaptive bacterial immunity. *Science.* 337, 816 – 821.

10 Cong, L. et al. (2013). Multiplex genome engineering using CRISPR/Cas systems. *Science.* 339, 819 – 823.

3장 생명의 레시피를 만드는 힘은 무엇인가

1 Darwin, Charles. (1859). *On the origin of species*. John Murray.

2 Kimura, M. (1968). Evolutionary rate at the molecular level. *Nature.* 217, 624 – 626.

3 Kimura, M., and Ohta, T. (1974). On some principles governing molecular evolution. *Proc Natl Acad Sci USA*. 71, 2848 – 2852.

4 Kimura, M. (1977). Preponderance of synonymous changes as evidence for the neutral theory of molecular evolution. *Nature.* 267, 275 – 276.

5 Kern, A.D., and Hahn, M.W. (2018). The Neutral Theory in Light of Natural Selection. *Mol Biol Evol.* 35, 1366 – 1371.

6 Gordo, I., and Charlesworth, B. (2001). Genetic linkage and molecular evolution. *Curr Biol.* 11, R684 – 6.

7 Smith, J.M., and Haigh, J. (1974). The hitch-hiking effect of a favourable gene. *Genet Res.* 23, 23 – 35.

8 Charlesworth, B., Morgan, M.T., and Charlesworth, D. (1993). The effect of deleterious mutations on neutral molecular variation. *Genetics.* 134, 1289 – 1303.

9 Cutter, A.D., and Payseur, B.A. (2013). Genomic signatures of se-

lection at linked sites: unifying the disparity among species. *Nat Rev Genet.* 14, 262 – 274.

10 Messer, P.W., and Petrov, D.A. (2013). Population genomics of rapid adaptation by soft selective sweeps. *Trends Ecol Evol.* 28, 659 – 669.

11 Pennings, P.S., Kryazhimskiy, S., and Wakeley, J. (2014). Loss and recovery of genetic diversity in adapting populations of HIV. *PLoS Genet.* 10, e1004000.

12 Feder, A.F., Rhee, S.-Y., Holmes, S.P., Shafer, R.W., Petrov, D.A., and Pennings, P.S. (2016). More effective drugs lead to harder selective sweeps in the evolution of drug resistance in HIV-1. *Elife.* 5. Available at: http://dx.doi.org/10.7554/eLife.10670.

13 Kern, A.D., and Schrider, D.R. (2018). diploS/HIC: An Updated Approach to Classifying Selective Sweeps. *G3.* 8, 1959 – 1970.

4장 질병과 지능을 빚는 유전자

1 Mucci LA, Hjelmborg JB, Harris JR, Czene K, Havelick DJ, Scheike T, et al. (2016). Familial Risk and Heritability of Cancer Among Twins in Nordic Countries.*JAMA.* 315, 68 – 76.

2 Gibson G.(2012). Rare and common variants: twenty arguments. *Nat Rev Genet.* 13, 135 – 145.

3 Timpson NJ, Greenwood CMT, Soranzo N, Lawson DJ, Richards JB. (2018). Genetic architecture: the shape of the genetic contribution to human traits and disease. *Nat Rev Genet.* 19, 110 – 124.

4 Plomin R, von Stumm S. (2018). The new genetics of intelligence. *Nat Rev Genet.* 19, 148 – 159.

5 Rietveld CA, Esko T, Davies G, Pers TH, Turley P, Benyamin B, et al. (2014). Common genetic variants associated with cognitive performance identified using the proxyphenotype method. *Proc Natl Acad Sci USA,* 111, 13790 – 13794.

6 Rietveld CA, Medland SE, Derringer J, Yang J, Esko T, Martin NW, et al. (2013). GWAS of 126,559 individuals identifies genetic variants associated with educational attainment. *Science.* 340, 1467 – 1471.

7 Lee JJ, Wedow R, Okbay A, Kong E, Maghzian O, Zacher M, et al. (2018). Gene discovery and polygenic prediction from a genome-wide association study of educational attainment in 1.1 million individuals. *Nat Genet.* 50, 1112 – 1121.

5장 유전자에 본능이 쓰여있다는 불온

1 찰스 다윈 지음, 장대익 옮김. (2019). 종의 기원. 사이언스북스. 7장: 본능, 301-345.

2 Galton, F. (1865). Hereditary talent and character. *MacMillan's Magazine.* 11, 157-166, 318-327.

3 McEwen, R.S. (1918). The reactions to light and to gravity in Drosophila and its mutants. *J Exp Zool.* 25, 49-106.

4 Greenspan, R.J. (2008). Seymour Benzer (1921-2007). *Curr Biol.* 18, R106-R110.

5 Benzer, S. (1967). Behavioral mutants of Drosophila isolated by countercurrent distribution. *Proc Natl Acad Sci USA.* 58, 1112-1119.

6 Konopka, R.J., Benzer, S. (1971). Clock mutants of Drosophila melanogaster. *Proc Natl Acad Sci USA.* 68, 2112-6.

7 White, J.G., Southgate, E., Thomson, J.N., and Brenner, S. (1986). The structure of the nervous system of the nematode Caenorhabditis elegans. *Philos Trans R Soc Lond B Biol Sci.* 314, 1-340.

8 White, J.G. (2013). *Getting into the mind of a worm—a personal view.* Wormbook.

9 Brenner, S. (1974). The genetics of Caenorhabditis elegans. *Genetics.* 77, 71-94.

10 Chalfie, M., and Sulston, J. (1981). Developmental genetics of the mechanosensory neurons of Caenorhabditis elegans. *Dev Biol.* 82, 358-370.

11 Chalfie M., Sulston J.E., White J.G., Southgate E., Thomson J.N., Brenner S. (1985). The neural circuit for touch sensitivity in Caenorhabditis elegans. *J. Neurosci.* 5, 956-964.

12 Chalfie, M., Tu, Y., Euskirchen, G., Ward, W.W., Prasher, D.C. (1994). Green fluorescent protein as a marker for gene expression. *Science*. 263, 802-5.

6장 본능은 진화한다

1 Nguyen, J.P., Shipley, F.B., Linder, A.N., Plummer, G.S., Liu, M., Setru, S.U., Shaevitz, J.W., and Leifer, A.M. (2016). Whole-brain calcium imaging with cellular resolution in freely behaving Caenorhabditis elegans. *Proc Natl Acad Sci USA.* 113, E1074-81.

2 Seelig, J.D., Chiappe, M.E., Lott, G.K., Dutta, A., Osborne, J.E., Reiser, M.B., and Jayaraman, V. (2010). Two-photon calcium imaging from head-fixed Drosophila during optomotor walking behavior. *Nat Methods.* 7, 535-540.

3 Nagel, G., Ollig, D., Fuhrmann, M., Kateriya, S., Musti, A.M., Bamberg, E., and Hegemann, P. (2002). Channelrhodopsin-1: a light-gated proton channel in green algae. *Science.* 296, 2395-2398.

4 Boyden, E.S., Zhang, F., Bamberg, E., Nagel, G., and Deisseroth, K. (2005). Millisecond-timescale, genetically targeted optical control of neural activity. *Nat Neurosci*. 8, 1263-1268.

5 Nagel, G., Brauner, M., Liewald, J.F., Adeishvili, N., Bamberg, E., and Gottschalk, A. (2005). Light activation of channelrhodopsin-2 in excitable cells of Caenorhabditis elegans triggers rapid behavioral responses. *Curr Biol.* 15, 2279-2284.

6 Aponte, Y., Atasoy, D., and Sternson, S.M. (2011). AGRP neurons are sufficient to orchestrate feeding behavior rapidly and without training. *Nat Neurosci.* 14, 351-355.
7 Prieto-Godino, L.L., Rytz, R., Cruchet, S., Bargeton, B., Abuin, L., Silbering, A.F., Ruta, V., Dal Peraro, M., and Benton, R. (2017). Evolution of Acid-Sensing Olfactory Circuits in Drosophilids. *Neuron.* 93, 661-676.e6.
8 Auer, T.O., Khallaf, M.A., Silbering, A.F., Zappia, G., Ellis, K., Álvarez-Ocaña, R., Arguello, J.R., Hansson, B.S., Jefferis, G.S.X.E., Caron, S.J.C., et al. (2020). Olfactory receptor and circuit evolution promote host specialization. *Nature*. Available at: http://dx.doi.org/10.1038/s41586-020-2073-7.
9 Bendesky, A., Kwon, Y.-M., Lassance, J.-M., Lewarch, C.L., Yao, S., Peterson, B.K., He, M.X., Dulac, C., and Hoekstra, H.E. (2017). The genetic basis of parental care evolution in monogamous mice. *Nature.* 544, 434-439.

7장 인간은 왜 인간이고 초파리는 왜 초파리인가

1 Crick, F. (1970). Central dogma of molecular biology. *Nature*. 227, 561 - 563.
2 Jacob, F., and Monod, J. (1961). Genetic regulatory mechanisms in the synthesis of proteins. *J Mol Biol.* 3, 318 - 356.
3 Nüsslein-Volhard, C., and Wieschaus, E. (1980). Mutations affecting segment number and polarity in Drosophila. *Nature.* 287, 795 - 801.
4 Frohnhöfer, H.G., and Nüsslein-Volhard, C. (1986). Organization of anterior pattern in the Drosophila embryo by the maternal gene bicoid. *Nature.* 324, 120 - 125.
5 Struhl, G., Struhl, K., and Macdonald, P.M. (1989). The gradient morphogen bicoid is a concentration-dependent transcription

alactivator. *Cell.* 57, 1259 – 1273.

6 Lewis, E.B. (1978). A gene complex controlling segmentation in Drosophila. *Nature.* 276, 565 – 570.

7 McGinnis, W., Levine, M.S., Hafen, E., Kuroiwa, A., and Gehring, W.J. (1984). A conserved DNA sequence in homoeotic genes of the Drosophila Antennapedia and bithorax complexes. *Nature.* 308, 428 – 433.

8 Carrasco, A.E., McGinnis, W., Gehring, W.J., and DeRobertis, E.M. (1984). Cloning of an X. laevis gene expressed during early embryogenesis coding for a peptide region homologous to Drosophila homeotic genes. *Cell.* 37, 409 – 414.

8장 세포의 족보, 영혼 발생의 열쇠

1 Schena, M., Shalon, D., Davis, R. W., and Brown, P. O. (1995). Quantitative monitoring of gene expression patterns with a complementary DNA microarray. *Science.* 270, 467-470.

2 Tang, F., Barbacioru, C., Wang, Y., Nordman, E., Lee, C., Xu, N., Wang, X., Bodeau, J., Tuch, B.B., Siddiqui, A., et al. (2009). mRNA-Seq whole-transcriptome analysis of a single cell. *Nat Methods.* 6, 377-382.

3 Regev, A., Teichmann, S. A., Lander, E.S., Amit, I., Benoist, C., Birney, E., Bodenmiller, B., Campbell, P., Carninci, P., Clatworthy, M., et al. (2017). The Human Cell Atlas. *Elife.* 6, e27041.

4 Griffiths, J. A., Scialdone, A., and Marioni, J.C. (2018). Using single-cell genomics to understand developmental processes and cell fate decisions. *Mol Syst Biol.* 14, e8046.

5 Packer, J.S., Zhu, Q., Huynh, C., Sivaramakrishnan, P., Preston, E., Dueck, H., Stefanik, D., Tan, K., Trapnell, C., Kim, J., et al. (2019). A lineage-resolved molecular atlas of C. elegans embryogenesis at single-cell resolution. *Science.* Available at: http://dx.doi.

org/10.1126/science.aax1971.

6 Barker, N., van Es, J.H., Kuipers, J., Kujala, P., van den Born, M., Cozijnsen, M., Haegebarth, A., Korving, J., Begthel, H., Peters, P.J., et al. (2007). Identification of stem cells in small intestine and colon by marker gene Lgr5. *Nature.* 449, 1003-1007.

7 Lancaster, M. A., and Knoblich, J. A. (2014). Organogenesis in a dish: modeling development and disease using organoid technologies. *Science.* 345, 1247125.

8 Sato, T., Vries, R. G., Snippert, H. J., van de Wetering, M., Barker, N., Stange, D. E., van Es, J. H., Abo, A., Kujala, P., Peters, P. J., et al. (2009). Single Lgr5 stem cells build crypt-villus structures in vitro without a mesenchymal niche. *Nature.* 459, 262-265.

9 Lancaster, M. A., Renner, M., Martin, C. A., Wenzel, D., Bicknell, L. S., Hurles, M. E., Homfray, T., Penninger, J. M., Jackson, A. P., and Knoblich, J. A. (2013). Cerebral organoids model human brain development and microcephaly. *Nature.* 501, 373-379.

10 Kanton, S., Boyle, M. J., He, Z., Santel, M., Weigert, A., Sanchís-Calleja, F., Guijarro, P., Sidow, L., Fleck, J. S., Han, D., et al. (2019). Organoid single-cell genomic atlas uncovers human-specific features of brain development. *Nature.* 574, 418-422.

11 Zhu, Y., Sousa, A. M. M., Gao, T., Skarica, M., Li, M., Santpere, G., EstellerCucala, P., Juan, D., Ferrández-Peral, L., Gulden, F. O., et al. (2018). Spatiotemporal transcriptomic divergence across human and macaque brain development. *Science.* 362. Available at: http://dx.doi.org/10.1126/science.aat8077.

9장 시간을 돌리는 유전자

1 López-Otín, C., Blasco, M. A., Partridge, L., Serrano, M., & Kroemer, G. (2013). The Hallmarks of Aging. *Cell.* 153(6), 1194-

1217.

2 Kenyon, C., Chang, J., Gensch, E., Rudner, A., & Tabtiang, R. (1993). A C. elegans mutant that lives twice as long as wild type. *Nature.* 366(6454), 461-464.

3 Kimura, K. D., Tissenbaum, H. A., Liu, Y., & Ruvkun, G. 1997. daf-2, an insulin receptor-like gene that regulates longevity and diapause in Caenorhabditis elegans. *Science.* 277(5328), 942-946.

4 Kenyon, C. J. (2010). The genetics of ageing. *Nature.* 464(7288), 504-512.

5 Honjoh, S., Yamamoto, T., Uno, M., & Nishida, E. (2009). Signalling through RHEB-1 mediates intermittent fasting-induced longevity in C. elegans. *Nature.* 457(7230), 726-730.

6 Lin, S., Marin, E. C., Yang, C. P., Kao, C. F., Apenteng, B. A., Huang, Y., ... & Lee, T. (2013). Extremes of lineage plasticity in the Drosophila brain. *Curr Biol.* 23(19), 1908-1913.

7 Fontana, L., Partridge, L., & Longo, V. D. 2010. Extending healthy life span—from yeast to humans. *Science.* 328(5976), 321-326.

8 Takahashi, K., & Yamanaka, S. 2006. Induction of pluripotent stem cells from mouse embryonic and adult fibroblast cultures by defined factors. *Cell.* 126(4), 663-676.

9 Lapasset, L., Milhavet, O., Prieur, A., Besnard, E., Babled, A., Aït-Hamou, N., ... & Lemaitre, J. M. (2011). Rejuvenating senescent and centenarian human cells by reprogramming through the pluripotent state. *Gen & deve.* 25(21), 22482253.

10 Conboy, I. M., Conboy, M. J., Wagers, A. J., Girma, E. R., Weissman, I. L., & Rando, T. A. (2005). Rejuvenation of aged progenitor cells by exposure to a young systemic environment. *Nature.* 433(7027), 760-764.

11 Mahmoudi, S., Xu, L., & Brunet, A. 2019. Turning back time with emerging rejuvenation strategies. *Nat cell biol.* 21(1), 32-43.

12 Villeda, S. A., Luo, J., Mosher, K. I., Zou, B., Britschgi, M., Bieri,

G., ... & WyssCoray, T. 2011. The ageing systemic milieu negatively regulates neurogenesis and cognitive function. *Nature.* 477(7362), 90-94.

13 Smith, L. K., He, Y., Park, J. S., Bieri, G., Snethlage, C. E., Lin, K., ... & Villeda, S. A. 2015. ß2-microglobulin is a systemic pro-aging factor that impairs cognitive function and neurogenesis. *Nat medi.* 21(8), 932-937.

14 Loffredo, F. S., Steinhauser, M. L., Jay, S. M., Gannon, J., Pancoast, J. R., Yalamanchi, P., ... & Lee, R. T. 2013. Growth differentiation factor 11 is a circulating factor that reverses age-related cardiac hypertrophy. *Cell.* 153(4), 828839.

15 EElabd, C., Cousin, W., Upadhyayula, P., Chen, R. Y., Chooljian, M. S., Li, J., ... & Conboy, I. M. 2014. Oxytocin is an age-specific circulating hormone that is necessary for muscle maintenance and regeneration. *Nat comm.* 5(1), 1-11.

16 Castellano, J. M., Mosher, K. I., Abbey, R. J., McBride, A. A., James, M. L., Berdnik, D., ... & Wyss-Coray, T. 2017. Human umbilical cord plasma proteins revitalize hippocampal function in aged mice. *Nature.* 544(7651), 488-492.

10장 무법자 세포의 진화

1 Greaves, M. and Maley, C.C. (2012). Clonal Evolution in Cancer. *Nature*. 481(7381), 306-313.

2 Hanahan, D. and Weinberg, R.A. (2000). The Hallmarks of Cancer. *Cell*. 100(1), 57-70.

3 Valastyan, S. and Weinberg, R.A. (2011). Tumor Metastasis: Molecular Insights and Evolving Paradigms. *Cell*. 147(2), 275-292.

4 Hanahan, D. and Weinberg, R.A. (2011). Hallmarks of Cancer: The Next Generation. *Cell*. 144(5), 646-674.

5 Dunn, G.P., Bruce, A.T., Ikeda, H., Old, L.J. and Schreiber, R.D. (2002). Cancer Immunoediting: From Immunosurveillance to Tumor Escape. *Nat Immu.* 3(11), 991-998.

11장 성의 진화 그리고 우리 마음의 스펙트럼

1 Lehtonen, J., Kokko, H. and Parker, G.A. (2016). What do isogamous organisms teach us about sex and the two sexes?. *Philos Trans R Soc Lond B Biol Sci.* 371(1706), 20150532.

2 Sasson, D.A. and Ryan, J.F. (2017). A Reconstruction of Sexual Modes Throughout Animal Evolution. *BMC Evo Biol.* 17(1), 242.

3 Koopman, P., Gubbay, J., Vivian, N., Goodfellow, P. and Lovell-Badge, R. (1991). Male development of chromosomally female mice transgenic for Sry. *Nature.* 351(6322), 117-121.

4 Capel, B. (2017). Vertebrate sex determination: evolutionary plasticity of a fundamental switch. *Nat Rev Genet.* 18(11), 675-689.

5 Smith, C.A., Roeszler, K.N., Ohnesorg, T., Cummins, D.M., Farlie, P.G., Doran, T.J. and Sinclair, A.H., 2009. The avian Z-linked gene DMRT1 is required for male sex determination in the chicken. *Nature.* 461(7261), 267-271.

6 Nicoll, M., Akerib, C.C. and Meyer, B.J., 1997. X-chromosome-counting mechanisms that determine nematode sex. *Nature.* 388(6638), 200-204.

7 Gladden, J.M. and Meyer, B.J. (2007). A ONECUT homeodomain protein communicates X chromosome dose to specify Caenorhabditis elegans sexual fate by repressing a sex switch gene. *Genetics.* 177(3), 1621-1637.

8 Gamble, T., Coryell, J., Ezaz, T., Lynch, J., Scantlebury, D.P. and Zarkower, D. (2015). Restriction site-associated DNA sequencing (RAD-seq) reveals an extraordinary number of transitions

among gecko sex-determining systems. *Mol Biol & Evo.* 32(5), 1296-1309.

9 Bachtrog, D., Mank, J.E., Peichel, C.L., Kirkpatrick, M., Otto, S.P., Ashman, T.L., Hahn, M.W., Kitano, J., Mayrose, I., Ming, R. and Perrin, N. (2014). Sex determination: why so many ways of doing it?. *PLoS biol.* 12(7), e1001899.

10 Bull, J.J. (1980). Sex determination in reptiles. *The Qua Rev of Biol.* 55(1), 3-21.

11 Shao, C., Li, Q., Chen, S., Zhang, P., Lian, J., Hu, Q., Sun, B., Jin, L., Liu, S., Wang, Z. and Zhao, H. (2014). Epigenetic modification and inheritance in sexual reversal of fish. *Gen res.* 24(4), 604-615.

12 Quinn, A.E., Georges, A., Sarre, S.D., Guarino, F., Ezaz, T. and Graves, J.A.M. (2007). Temperature sex reversal implies sex gene dosage in a reptile. *Science.* 316(5823), 411-411.

13 Holleley, C.E., O'Meally, D., Sarre, S.D., Graves, J.A.M., Ezaz, T., Matsubara, K., Azad, B., Zhang, X. and Georges, A. (2015). Sex reversal triggers the rapid transition from genetic to temperature-dependent sex. *Nature.* 523(7558), 79-82.

14 Arboleda, V.A., Sandberg, D.E. and Vilain, E. (2014). DSDs: genetics, underlying pathologies and psychosexual differentiation. *Nat Rev Endo.* 10(10), 603-615.

15 Meerwijk, E.L. and Sevelius, J.M. (2017). Transgender population size in the United States: a meta-regression of population-based probability samples. *Am J public health.* 107(2), e1-e8.

16 Ganna, A., Verweij, K.J., Nivard, M.G., Maier, R., Wedow, R., Busch, A.S., Abdellaoui, A., Guo, S., Sathirapongsasuti, J.F., Lichtenstein, P. and Lundström, S. (2019). Large-scale GWAS reveals insights into the genetic architecture of same-sex sexual behavior. *Science.* 365(6456).

17 Yamamoto, D. (2008). Brain sex differences and function of the fruitless gene in Drosophila. *J of neurogenet.* 22(3), 309-332.

12장 진화의 테이프를 거꾸로 돌리기

1 Lenski, R.E., Rose, M.R., Simpson, S.C. and Tadler, S.C. (1991). Long-term experimental evolution in Escherichia coli. I. Adaptation and divergence during 2,000 generations. *Am Nat*. 138(6), 1315-1341.

2 Lenski, R.E. and Travisano, M. (1994). Dynamics of adaptation and diversification: a 10,000-generation experiment with bacterial populations. *Proc of the Nati Acad of Sci*. 91(15), 6808-6814.

3 Rozen, D.E. and Lenski, R.E. (2000). Long-term experimental evolution in Escherichia coli. VIII. Dynamics of a balanced polymorphism. *Am Nat*. 155(1), 24-35.

4 Tenaillon, O., Barrick, J.E., Ribeck, N., Deatherage, D.E., Blanchard, J.L., Dasgupta, A., Wu, G.C., Wielgoss, S., Cruveiller, S., Médigue, C. and Schneider, D. (2016). Tempo and mode of genome evolution in a 50,000-generation experiment. *Nature*. 536(7615), pp.165-170.

5 Blount, Z.D., Borland, C.Z. and Lenski, R.E. (2008). Historical contingency and the evolution of a key innovation in an experimental population of Escherichia coli. *Proc of the Nati Acad of Sci.* 105(23), pp.7899-7906.

6 Blount, Z.D., Bar r ick, J.E., Davidson, C.J. and Lenski , R.E. (2012). Genomic analysis of a key innovation in an experimental Escherichia coli population. *Nature*. 489(7417), 513-518.

7 Lenski, R.E. (2017). Experimental evolution and the dynamics of adaptation and genome evolution in microbial populations. *ISME J.* 11(10), pp.2181- 2194.

13장 우연을 길들이는 필연

1. Klass M, Hirsh D. (1976). Non-ageing developmental variant of

Caenorhabditis elegans. *Nature.* 260, 523-525

2. Kenyon C, Chang J, Gensch E, Rudner A, Tabtiang R. A. C. (1993). elegans mutant that lives twice as long as wild type. *Nature.* 366, 461 – 464.
3. Jeong P.Y, Jung M, Yim Y.H, Kim H, Park M, Hong E, et al. (2005). Chemical structure and biological activity of the Caenorhabditis elegans dauer-inducing pheromone. *Nature*. 433, 541 – 545.
4. Evans, K. S., van Wijk, M. H., McGrath, P. T., Andersen, E. C., & Sterken, M. G. (2021). From QTL to gene: C. elegans facilitates discoveries of the genetic mechanisms underlying natural variation. *Trends in Genet.* 37(10), 933-947.
5. McGrath, P. T., Xu, Y., Ailion, M., Garrison, J. L., Butcher, R. A., & Bargmann, C. I. (2011). Parallel evolution of domesticated Caenorhabditis species targets pheromone receptor genes. *Nature*. 477(7364), 321-325.
6. Sterken, M. G., Snoek, L. B., Kammenga, J. E., & Andersen, E. C. (2015). The laboratory domestication of Caenorhabditis elegans. *Trends in Genet*. 31(5), 224-231.
7. Gompel, N., & Prud'homme, B. (2009). The causes of repeated genetic evolution. *Dev biol*. 332(1), 36-47.
8. Lee, D., Zdraljevic, S., Cook, D. E., Frézal, L., Hsu, J. C., Sterken, M. G., ... & Andersen, E. C. (2019). Selection and gene flow shape niche-associated variation in pheromone response. *Nat ecol & evol* 3(10), 1455-1463.
9. Andersen, E. C., Gerke, J. P., Shapiro, J. A., Crissman, J. R., Ghosh, R., Bloom, J. S., ... & Kruglyak, L. (2012). Chromosome-scale selective sweeps shape Caenorhabditis elegans genomic diversity. *Nat genet*. 44(3), 285-290.

찾아보기

인간은 왜 인간이고
초파리는 왜 초파리인가

초판 1쇄 발행 2023년 3월 30일
초판 3쇄 발행 2024년 10월 11일

지은이 이대한
책임편집 권오현
디자인 주수현

펴낸곳 (주)바다출판사
주소 서울시 마포구 성지1길 30 3층
전화 02 - 322 - 3885(편집) 02 - 322 - 3575(마케팅)
팩스 02 - 322 - 3858
이메일 badabooks@daum.net
홈페이지 www.badabooks.co.kr

ISBN 979-11-6689-145-8 03470